V&R

Handlungskompetenz im Ausland

herausgegeben von
Alexander Thomas, Universität Regensburg

Vandenhoeck & Ruprecht

Stefan Mayr
Alexander Thomas

Beruflich in Frankreich

Trainingsprogramm für Manager, Fach- und Führungskräfte

Vandenhoeck & Ruprecht

Die 7 Cartoons hat Jörg Plannerer gezeichnet.

Bibliografische Information der Deutschen Nationalbibliothek

Die Deutsche Nationalbibliothek verzeichnet diese Publikation in der Deutschen Nationalbibliografie; detaillierte bibliografische Daten sind im Internet über http://dnb.d-nb.de abrufbar.

ISBN: 978-3-525-49143-0

 Printed in Germany.
Satz: Satzspiegel, Nörten-Hardenberg
Druck und Bindung: ⊕ Hubert & Co, Göttingen

Gedruckt auf alterungsbeständigem Papier.

Inhalt

Vorwort

Frankreich ist für die deutsche Wirtschaft das wichtigste Import- und Exportland weltweit. Mit Frankreich werden täglich Waren im Wert von etwa 500 Millionen Euro ausgetauscht. Das gesamte Handelsvolumen zwischen beiden Ländern betrug 2006 rund 149,6 Milliarden Euro, was circa 9 % des Export- und Importgeschäfts Deutschlands entspricht, Tendenz steigend.

Frankreich und die Franzosen galten bis zum Beginn der Nachkriegszeit als Erbfeinde Deutschlands, also als die Nation, die von ihrer geschichtlichen Tradition her mit Deutschland im Krieg liegt. Es war immer klar, dass diese Behauptung eine einseitige, falsche und diffamierende Interpretation der geschichtlichen Entwicklung der beiden Nationen darstellt, weil über viele Jahrhunderte hinweg Frankreich für die deutschen Fürstentümer als Vorbild der Zivilisation, der Moderne und von Werten wie Freiheit, Gleichheit und Brüderlichkeit galt. Die Wiege von Aufklärung und Humanismus lag nicht in Deutschland, sondern in Frankreich. Die französischen Philosophen waren in Europa und darüber hinaus berühmt und geachtet. Viele erwarteten von ihnen wegweisende Gedanken und Orientierungen.

Die dramatischen Entwicklungen im Zentrum Europas vor, während und nach dem Ersten Weltkrieg, in der Zwischenzeit zwischen dem Ersten und Zweiten Weltkrieg und während des Zweiten Weltkriegs haben in der Nachkriegszeit eine Situation geschaffen, die es allen nützlich erscheinen ließ, vorhandene Kräfte zu bündeln und die deutsch-französische Feindschaft zu überwinden, um ein friedliches und freundschaftliches Verhältnis zwischen Deutschen und Franzosen aufzubauen, zu festigen und gegen Krisen so zu stärken, dass aus diesem Kern heraus eine europäische Einigung möglich werden konnte. Ohne die deutsch-französische Freundschaft wäre die Europäische Union, so wie sie jetzt existiert, nicht geschaffen worden. Kurz gesagt: Politisch, wirtschaftlich und kulturell hängen Deutschland und Frankreich eng zusammen, sind aufeinander bezogen und aufeinander angewiesen, und die Länder Europas und darüber hinaus erwarten, dass sich an dieser stabilen Freundschaft auch nichts ändern wird.

Nun gibt es sicher nicht wenige Personalverantwortliche in deutschen Unternehmen, die nach wie vor der Meinung sind, dass eine in Deutschland bewährte und hoch qualifizierte Führungskraft alles erforderliche Rüstzeug mitbringt, um in jedem Land der Welt Führungsaufgaben übernehmen zu können, auf jeden Fall aber in einem Nachbarland wie zum Beispiel Frankreich. Eine besondere Ausbildung oder ein Training in Bezug auf das Kennenlernen kultureller Unterschiede im Wahrnehmen, Denken, Urteilen und Handeln von Deutschen und Franzosen erscheint ihnen aufgrund der geographischen Nähe, des jahrhundertelangen wechselseitigen Austauschs und der engen Verflechtungen zwischen beiden Nationen in der Neuzeit nicht erforderlich zu sein. Wenn es um technische, wirtschaftliche und administrative Abläufe geht, die gemeinsam entwickelt, bearbeitet, überprüft und gesteuert werden sollen, dann sind die dazu erforderlichen Mittel und Wege in Frankreich dieselben wie in Deutschland, so die verbreitete Meinung. Wenn sich hier und da einmal staatlich gesteuerter Wirtschaftsprotektionismus im Vergleich zum föderalen System in Deutschland zeigt oder wenn französische Staatspräsidenten die Souveränität Frankreichs und der französischen Nation im europäischen Einigungsprozess thematisieren, dann wird dies eher belächelt oder als Profilierungsgetue einzelner politischer Führungspersönlichkeiten auf hoher politischer Ebene interpretiert, ohne in Erwägung zu ziehen, dass sich daraus Konsequenzen für die konkrete wirtschaftliche Zusammenarbeit ergeben könnten.

Forschungsergebnisse zeigen aber übereinstimmend, dass Einstellungen und Erfahrungen von Auslandsmitarbeitern über ihre Partner im Gastland deutlich von dem abweichen, was Personalverantwortliche in den Stammhäusern der Unternehmen in Deutschland, auch wenn sie selbst Auslandseinsatzerfahrung haben, an Kenntnissen und Einstellungen über die Herausforderung der Mitarbeiter im Einsatzland besitzen. Die Mitarbeiter vor Ort klagen immer wieder, wie schwer es ist, mit unerwarteten Reaktionen ihrer einheimischen Partner umzugehen, zu verstehen, warum diese so ganz anders reagieren, als sie es erwarten, und was die Ursachen für interkulturell bedingte Missverständnisse und Probleme sind. So verhindert zum Beispiel die starke Sachorientierung, die im Bereich der Technik und der Wirtschaft in Deutschland verbreitet ist, den Aufbau einer Sensibilität für die zwischenmenschlichen Probleme in der Zusammenarbeit. Zudem ist die Überzeugung, bewährtes Führungsverhalten in Deutschland sei auch in Frankreich angemessen, nichts anderes als ein Vorurteil. Auch der gut gemeinte Ratschlag: »Wenn du in Frankreich lebst und arbeitest, dann verhalte dich wie Franzosen«, ist nicht nützlich, weil ein Deutscher sich nicht wie ein Franzose verhalten kann und die französischen Partner von ihm auch nicht erwarten, dass er sich wie ein Franzose verhält. Sie erwarten aber, dass er Verständnis für die französischen Eigenarten mitbringt und bereit ist, sie zu akzeptieren, wertzuschätzen und sich bis zu einem gewissen Grade ihnen anzupassen.

Das, was deutsche Mitarbeiter aus ihren alltäglichen Erfahrungen am Arbeitsplatz über kulturbedingte Unterschiede im Denken und Verhalten zwischen ihnen und ihren französischen Partnern berichten, deckt sich nahezu völlig mit dem, was systematische wissenschaftliche Untersuchungen über die kulturellen Eigenarten und Unterschiede zwischen Deutschen und Franzosen erbracht haben. Die daraus zu ziehenden Schlussfolgerungen sind eindeutig: Um erfolgreich mit französischen Partnern zusammenarbeiten und das eigene Leistungspotenzial voll ausschöpfen zu können, ist es erforderlich, ein differenziertes Verständnis für die kulturell bedingten Unterschiede im Wahrnehmen, im Denken, im Urteilen, in den Empfindungen und im Handeln zwischen Deutschen und Franzosen aufzubauen. Dazu bedarf es des Bewusstwerdens der eigenkulturellen Orientierungsmuster, vertieften Wissens über die kulturellen Orientierungsmuster der französischen Partner und die Fähigkeit, mit diesen unterschiedlichen Orientierungsmustern flexibel, wertschätzend und kreativ umgehen zu können. In dem hier vorgelegten Trainingsmaterial, das aus der Befragung deutscher Fach-

und Führungskräfte in Frankreich über ihre Erfahrung im Umgang mit französischen Partnern gewonnen worden ist, sind die Elemente enthalten, die man zum Aufbau einer entsprechenden interkulturellen Handlungskompetenz zum beruflichen Einsatz in Frankreich benötigt.

Jeder Einsatz in Frankreich ist für einen Deutschen eine spannende Herausforderung, bei der es vieles zu lernen gibt, natürlich über die Franzosen, aber auch über sich selbst, in der Konfrontation, in der Auseinandersetzung und im Umgang mit den kulturspezifischen Besonderheiten der französischen Partner.

Alexander Thomas

Einleitung

Einführung in das Training

Die deutsch-französische Kooperation

Frankreich ist nicht irgendein Nachbarland Deutschlands. Es ist der wichtigste Nachbar, und das in jeder Hinsicht. Das Handelsvolumen zwischen Deutschland und Frankreich ist größer als das zu jedem anderen Land in der Welt und die gegenseitige politische, kulturelle, wissenschaftliche und gesellschaftliche Beeinflussung war im Laufe der europäischen Geschichte schon immer hoch und ist heute besonders auch im Kontext des europäischen Einigungsprozesses unübersehbar. Aus Erbfeindschaft ist in historisch betrachtet kurzer Zeit Freundschaft gewachsen und das nicht, weil Deutsche und Franzosen bessere Menschen geworden sind, sondern weil viele leidvoll erfahren haben und inzwischen alle wissen, dass Erbfeindschaft und Kriege nur Verlierer, Not und Elend auf allen Seiten zur Folge haben. Wohlstand, Sicherheit, Frieden und Freiheit oder noch spezifischer »Liberté, Egalité et Fraternité« und alles, was damit kulturell verbunden ist, können nur wachsen, gedeihen, gestärkt und gefestigt werden, wenn Deutsche und Franzosen eng zusammenarbeiten.

Weil nun Deutsche und Franzosen Nachbarn sind und sich seit Jahrhunderten durch freudige und gegenseitig befruchtende, aber auch leidvolle Begegnungen kennen, könnte man auf die Idee kommen, dass es nur eines festen Willens zur Zusammenarbeit bedarf, wohingegen bei Kooperationen zwischen Deutschen und den geographisch so weit entfernten Chinesen (Thomas u. Schenk, 2000) und Japanern (Petzold, Ringel u. Thomas, 2005), deren Kulturen zudem noch so fremd sind, eine sorgfältige kulturelle Vorbereitung erforderlich ist. Wer die französische Sprache ein wenig beherrscht, wird in Frankreich wohl gut zurechtkommen, so die Vermutung. Er wird die Menschen und das Land genießen und sich ohne besondere Einarbeitung schnell wie »Gott in Frankreich« fühlen. Das mag für den Kurzzeitbesucher, den Touristen und Durchreisenden wohl zutreffen, nicht aber für diejenigen, die mit Franzosen eng zusammenarbeiten müssen.

Deutsche Fach- und Führungskräfte stöhnen nicht wenig über die doch zum Teil so ganz andere Firmenkultur, die andersartigen Arbeitsgewohnheiten, den Umgang mit Zeit und mit Regeln sowie die Art und Weise der zwischenmenschlichen Kommunikation, wie sie von den Franzosen gepflegt werden. Vieles läuft hier eben nicht so ab, wie Deutsche das erwarten, und manches ist ebenso unverständlich und wenig akzeptabel wie das, was die Zusammenarbeit zum Beispiel mit Vietnamesen (Alshut, Nespethal u. Thomas, 2007) und mit Indern (Mitterer, Mimler u. Thomas, 2006) belastet. Als Konsequenz aus diesen Erfahrungen suchen viele deutsche Fach- und Führungskräfte nach Orientierungshilfe zum Verständnis der kulturell bedingten Eigenheiten ihrer französischen Partner. Genau dies liefert nun das hier vorgelegte interkulturelle Training.

Kultur und interkulturelle Kompetenz

Nicht nur Kunst, Literatur, Theater, Film, Esskultur und Religion sind Elemente einer spezifischen Nationalkultur, sondern auch das, was sich in der Wahrnehmung, im Denken, in den Empfindungen und im Verhalten der Menschen zeigt. Man kann Kultur als ein werthaltiges Orientierungssystem auffassen, in das jeder Mensch hineinwächst, indem er die in der Heimatgesellschaft gültigen Werte, Normen, Verhaltensregeln, Riten und Rituale kennen lernt und sich in den Umgang mit ihnen so einarbeitet, dass er sich in dieser Kultur, in der er nun lebt, gut zurechtfindet. Dieser Prozess des sich Einlebens in die Herkunftskultur, unterstützt durch Eltern, Freunde, Vorbilder, Erzieher, Schule und Berufsausbildung, bezeichnet man als Enkulturation. Im Unterschied dazu beschreibt Akkulturation den Prozess des sich

Einlebens in eine neue, der Herkunftskultur fremden und unbekannten Kultur.

Fach- und Führungskräfte sind im Auslandseinsatz in vielfältigerer Weise mit den kulturellen Besonderheiten ihrer Partner konfrontiert, und das auf dem Hintergrund ihrer eigenen kulturellen Orientierungen, Gewohnheiten, Selbstverständlichkeiten, als dies beispielsweise Touristen sind, die es sich leisten können, die Menschen und das von ihnen bereiste Land allein aus der Beobachterperspektive heraus zu betrachten, ohne sich konkret engagieren zu müssen. Die Rollen- und Leistungsanforderungen an eine deutsche Fach- und Führungskraft sind im Ausland von völlig anderer Qualität als die an einen Touristen. Sie können nur erfolgreich sein, wenn es ihnen gelingt, ihre ausländischen Partner davon zu überzeugen und ihnen so weit entgegenzukommen, dass sie bereit sind, mit ihnen zu kooperieren. Sie leben und arbeiten nahezu permanent in so genannten kulturellen Überschneidungssituationen, also in einem Umfeld, in dem ihre deutsche Herkunftskultur und die Herkunftskultur ihrer ausländischen Partner aufeinander treffen, was bei abweichenden Wahrnehmungs-, Denk-, Empfindungs- und Verhaltensweisen für beide Partner zu unerwarteten, ja erwartungswidrigen Verhaltensreaktionen führt. Das, was in der Zusammenarbeit mit Vorgesetzten, Kollegen und Mitarbeitern am Arbeitsplatz zuhause wie selbstverständlich, reibungslos und effizient vonstatten ging, funktioniert plötzlich nicht mehr so recht, und das nicht bei seltenen Anlässen, sondern immer wieder. Es droht der Verlust der gewohnten Orientierung über sich selbst und die Umwelt, was in Extremfällen zum Akkulturationsschock führen kann. Immerhin brechen 50 % der beruflich im Ausland tätigen Firmenmitarbeiter vorzeitig ihren Einsatz ab. Dies hat erhebliche materielle Verluste zur Folge, von den enormen Leistungsverlusten während der Zeit mangelnder Orientierung, Unzufriedenheiten mit den Arbeitsabläufen und Verärgerung über das unpassende Verhalten der Mitarbeiter am Arbeitsplatz ganz zu schweigen.

Diese kulturell bedingten Anforderungen, die sich aus der Zusammenarbeit mit ausländischen Kooperationspartnern ergeben, kann derjenige gut meistern, der über eine entsprechende interkulturelle Handlungskompetenz verfügt, was wissenschaftlich gut belegt ist (Thomas, Kinast u. Schroll-Machl, 2005). Unter interkultureller Kompetenz versteht man die notwendige Voraussetzung für eine angemessene, erfolgreiche und für alle Seiten zufrieden stellende Kommunikation, Begegnung und Kooperation zwischen Menschen aus unterschiedlichen Kulturen. Interkulturelle Kompetenz ist das Resultat eines Lern- und Entwicklungsprozesses, das heißt, sie entsteht nicht von allein, auch nicht durch einen längeren Aufenthalt im jeweiligen Zielland.

Fach- und Führungskräfte, die keine Gelegenheit hatten, sich auf die Zielkultur gezielt vorzubereiten und interkulturelle Handlungskompetenz aufzubauen, werden sich zwar mit der Zeit an die Besonderheiten des Gastlandes und ihrer jeweiligen Kooperationspartner gewöhnen. Sie wissen dann, wie diese zum Beispiel auf direkte Kritik oder Versuche, Konflikte im offenen Gespräch zu lösen, reagieren, stellen sich in der Vorbereitung und der konkreten Begegnung mit ihren Partnern auf diese Besonderheiten ein. Sie erdulden und ertragen die täglichen Irritationen und sind möglicherweise beruflich durchaus erfolgreich, nur: Verstanden haben sie das, was ihre Partner bewegt und warum diese so reagieren, nicht und sie haben auch keine Möglichkeit, sich neben ihrer beruflichen Tätigkeit das nötige Verständnis dafür anzueignen.

Die Entwicklung interkultureller Kompetenz setzt zudem die Bereitschaft zur Auseinandersetzung mit fremden kulturellen Orientierungssystemen voraus, und dies basierend auf der Grundhaltung kultureller Wertschätzung. Es geht dabei also nicht nur um Toleranz, Respekt und Anerkennung fremdkultureller Orientierungen, sondern es geht darum, dem so fremd erscheinenden Verhalten und seinen kulturell bedingten Begründungen eine ebensolche Werthaftigkeit zuzuerkennen, wie man dies selbstverständlich dem eigenkulturellen Orientierungssystem und seinen Begründungen beimisst. Weiterhin zeigt sich interkulturelle Kompetenz in der Fähigkeit, die Bedingtheit der Wahrnehmung, des Urteilens, des Empfindens und des Handelns bei sich selbst und bei anderen Personen zu erfassen, zu respektieren, zu würdigen und produktiv zu nutzen.

Handlungswirksamkeit von Kulturstandards

Zentrale Aspekte kulturspezifischer Orientierungssysteme, die das Erleben und Verhalten der Menschen bestimmen, können als Kulturstandards bezeichnet werden. Diese dienen als Anhaltspunkte dafür, welche Werte, Einstellungen, Normen und Verhaltensweisen in ihrer Lebensumwelt akzeptiert und zu verwirklichen sind. Kulturstandards sind das Resultat einer über längere historische Epochen hin stattfindenden Auseinandersetzung mit wechselnden sozialen, politischen und ökonomischen Bedingungen. Sie sind in der Geschichte, der Philosophie und der Religion eines Kulturkreises verankert und daher gegenüber vorübergehenden Veränderungen zwar relativ unempfindlich; allerdings dürfen Kulturstandards auch nicht als ein starres Regelwerk missverstanden werden.

Kulturstandards als zentrale Merkmale kultureller Orientierungssysteme werden in einer interkulturellen Begegnung zwischen deutschen Fach- und Führungskräften und ihren französischen Partnern auf beiden Seiten verhaltensbestimmend. So kann besonders im Zusammenhang mit arbeitsbezogenen Themen beispielsweise eine stark auf die Themeninhalte und die sachlichen Aspekte bezogene Kommunikation, die zudem von deutscher Seite aus noch direkt, kritisch und konfrontativ geführt wird, um eine möglichst spannende und anspruchsvolle Diskussion zu initiieren, von französischen Partnern als unhöflich, arrogant und besserwisserisch erlebt werden. Von deutscher Seite ist das Ganze lediglich als sachorientiertes Diskussionsangebot intendiert, ganz im Sinne der Wirksamkeit des deutschen Kulturstandards »Sachorientiertheit«. Die französischen Partner aber vermissen bei dieser Art der Kommunikation und Diskussion die Rücksichtnahme auf personenspezifische Belange gemäß dem in Frankreich wirksamen Kulturstandard »Personenorientierung« und empfinden unter der Wirksamkeit des Kulturstandards »Indirekter Kommunikationsstil« den Gesprächsstil als konfrontativ und provokant. Sie werden dementsprechend auf das Diskussionsangebot nicht eingehen, sich zurückziehen und möglicherweise für weitere Versuche der Zusammenarbeit nicht mehr zur Verfügung stehen.

Während also für Deutsche die sachliche Auseinandersetzung im Vordergrund steht, legen Franzosen, obwohl sie wissen, dass es sich hier um eine arbeitsbezogene Kommunikation handelt, großen Wert darauf, personale und interpersonale Bedürfnisse zu befriedigen, eine angenehme und vertrauensvolle Gesprächsatmosphäre herzustellen und die persönlichen Belange dabei nicht zu kurz kommen zu lassen. So kann eine aus deutscher Sicht durchaus als höflich und freundlich gemeinte Aktion von den französischen Partnern als arrogant und verletzend interpretiert werden. Dies kann dann wiederum zu einer Reaktion führen, die Deutsche als unpassend empfinden, und so entsteht ein sich wechselseitig verstärkender und nicht endender Kreis aus Missverständnissen, die bei beiden Partnern zu Verunsicherungen darüber führen, welches Verhalten denn nun in welcher Situation richtig, angemessen oder falsch und verletzend ist. Aufbrechen lässt sich ein solcher Zirkel fortdauernder und sich verstärkender Missverständnisse dadurch, dass die eben schon angesprochene interkulturelle Handlungskompetenz in Bezug auf die französische Kultur und den Umgang mit Personen, die in dieser Kultur aufgewachsen sind, entwickelt wird.

Aufgrund gut gesicherter interkultureller wissenschaftlicher Forschungen liegt inzwischen eine Fülle von Erkenntnissen vor, die zeigen, wie interkulturelle Handlungskompetenz aufgebaut werden kann, wie sie dazu beiträgt, Missverständnisse zu vermeiden und wie sie zu Verhaltensreaktionen führen kann, die für beide Partner zufrieden stellend und erfolgreich sind. Zudem wurden eine Vielzahl von Lehr-Lernmethoden entwickelt und gut erprobt, mit deren Hilfe die erforderliche interkulturelle Handlungskompetenz ausgebildet und unter wechselnden interkulturellen Handlungsbedingungen effizient eingesetzt werden kann (Thomas, Kammhuber u. Schroll-Machl, 2007; Kammhuber, 2000). Diese wissenschaftlich gesicherten Erkenntnisse liegen dem folgenden Trainingsmaterial zugrunde.

Trainingsziele und Trainingsaufbau

Nach den international bekannten Klassifikationen ist das vorliegende Training als ein »verstehensorientiertes Training« einzustufen. Es geht darum, deutschen Fach- und Führungskräften ein vertieftes Verständnis für das kulturspezifische Orientierungssystem, nach dem sich die französischen Partner richten, zu vermitteln und dessen kulturelle Hintergründe offen zu legen. Dabei ist nicht eine Anpassung an die französischen Denk- und Verhaltensmuster das Ziel, sondern die Fähigkeit, Situationen aus der Perspektive der französischen Partner zu betrachten und dadurch mehr Sicherheit im zwischenmenschlichen Umgang mit ihnen am Arbeitsplatz zu erlangen. Die Einsicht in die Lebenswelt der französischen Partner ermöglicht es, bei der Interpretation ihres Verhaltens die fremdkulturellen Denkgewohnheiten, Selbstverständlichkeiten und Empfindlichkeiten zu berücksichtigen. Genau dieses Verständnis schafft erst die Voraussetzungen für einen partnerschaftlichen Dialog und damit für eine harmonische, für alle Seiten zufrieden stellende und erfolgreiche Zusammenarbeit.

Zugleich wird versucht, Kenntnisse über das eigene kulturelle Orientierungssystem zu vermitteln und eine Sensibilität dafür aufzubauen, wie das Verhalten deutscher Fach- und Führungskräfte, gesteuert und beeinflusst durch deutsche Kulturstandards, auf ihre französischen Partner wirkt und warum daraus erwartungswidrige Reaktionen auf beiden Seiten zustande kommen. Das vorliegende Training beschränkt sich also nicht darauf, Ihnen als Lernendem beizubringen, wie Sie sich in Frankreich verhalten sollen und welche spezifischen Regeln Sie im Umgang mit Franzosen beachten müssen. Vielmehr geht es darum, Sie für die kulturellen Orientierungen Ihrer Partner in Frankreich zu sensibilisieren und Sie in die Lage zu versetzen, das Ihnen so fremdartige und unvertraute Verhalten Ihrer französischen Partner zu verstehen, aus deren Sicht nachvollziehen und dementsprechend antizipieren zu können.

Das Trainingsmaterial wurde auf der Basis ausführlicher Gespräche mit deutschen Fach- und Führungskräften gewonnen, die jahrelange Erfahrungen im Umgang mit französischen Partnern hatten. Sie wurden gebeten, so genau wie möglich ständig sich wiederholende Situationen zu schildern, in denen ihre französischen Partner sich in einer Art und Weise verhalten haben, die ihnen unvertraut war, widersprüchlich erschien, die sie irritierte oder sogar provozierte. Die von vielen deutschen Fach- und Führungskräften immer wieder genannten Situationstypen wurden deutschen und französischen Experten zur Beurteilung danach vorgelegt, ob sie typisch sind für die Zusammenarbeit zwischen Deutschen und Franzosen. Sie sollten zudem angeben, wie sie aus ihrer Sicht das Verhalten der französischen Partner erklären und welche kulturspezifischen Orientierungen hierbei aus französischer Sicht wirksam werden. In das vorliegende Training wurden nur solche Situationen aufgenommen, die von den Experten als repräsentativ und typisch für die deutsch-französische Begegnung eingestuft wurden.

Weiterhin liefert das Training einen Einblick in die Kultur und die Geschichte Frankreichs, besonders in Bezug auf die Herausbildung von Kulturstandards und der Art und Weise, wie sie im Kontakt mit Deutschen handlungswirksam werden. So werden Sie in die Lage versetzt, das Verhalten Ihres französischen Partners kulturadäquat zu beurteilen und Lösungsstrategien für vergleichbare Problemsituationen zu entwickeln, in die Sie mit hoher Wahrscheinlichkeit in der Zusammenarbeit mit Franzosen kommen werden.

Das Training ist in sieben Abschnitte gegliedert, die jeweils einen französischen Kulturstandard thematisieren. Dabei besteht ein Themenblock aus ein bis vier Fallbeispielen, die zu bearbeiten sind. Jede dieser Situationen erfasst einen bestimmten Aspekt des zugrunde liegenden Kulturstandards, so dass Sie im Laufe der Übung einen differenzierten Einblick in die Handlungsrelevanz der französischen Kulturstandards bekommen und deren Einfluss in verschiedenen Bereichen der Zusammenarbeit und des Zusammenlebens mit Franzosen nachvollziehen können.

Trainingsablauf

Jedes Übungsbeispiel beginnt zunächst mit einer kulturell bedingt kritischen Begegnungssituation zwischen einer deutschen

Fach- und Führungskraft und ihrem französischen Partner, in der aufgrund kultureller Unterschiede Missverständnisse und Schwierigkeiten in der Kommunikation und Kooperation auftreten. Sie sollen zunächst diese Situationsbeschreibung sehr aufmerksam lesen und sich selbst Gedanken machen, was wohl der Grund ist für das aus deutscher Sicht ungewöhnliche und unerwartete Verhalten des französischen Partners. Dabei wird Ihnen aber nicht viel mehr übrig bleiben, als auf Ihre eigenkulturellen Denk- und Interpretationsmuster zurückzugreifen. So werden Ihnen die in Ihrem eigenen Orientierungssystem verankerten Einstellungen und Normen bewusst, gerade die, die sich konträr zu den französischen verhalten. Diese Einsicht in das eigene kulturelle Orientierungssystem ist der erste Schritt, um später die kulturellen Unterschiede zwischen der Eigen- und der Fremdkultur zu verstehen und zu verinnerlichen. Nach der Lektüre der kulturell bedingt kritischen Interaktionssituationen werden Ihnen vier verschiedene Deutungen angeboten, die auf unterschiedliche Weise das Verhalten des französischen Partners erklären. Dabei ist der Erklärungswert der einzelnen Deutungen in Bezug auf die kulturelle Angemessenheit mehr oder weniger zutreffend. Sie sollen deshalb eine Einstufung auf einer vierstufigen Skala vornehmen, von »sehr zutreffend« bis »nicht zutreffend«, und die Begründung für Ihre jeweilige Entscheidung stichpunktartig festhalten. Sie sollten sich also zunächst einmal selbst ein Bild davon machen und eine Entscheidung treffen, wie das für die deutsche Führungskraft so irritierende Verhalten ihres französischen Partners zu erklären ist.

Nachdem Sie die Einstufung der Deutungen vorgenommen haben, bekommen Sie anhand der Bedeutungen eine Rückmeldung darüber, inwieweit die jeweilige Deutung geeignet ist, das Verhalten des französischen Interaktionspartners in der Situation zu erklären. Zudem werden Ihnen wichtige Hintergrundinformationen geliefert und Verbindungen zu anderen Kulturstandards hergestellt, damit Sie die Gesamtzusammenhänge erkennen können. Sie vergleichen dann Ihre eigenen Notizen mit den Bedeutungen im Text und gewinnen so einen Einblick in die Wirksamkeit des deutschen und des französischen Orientierungssystems. Für den interkulturellen Lernprozess ist diese Reflexion der eigenkulturellen und fremdkulturellen Besonderheiten von zentraler Bedeutung, denn die kritischen Interaktionssituationen entstehen ja nicht dadurch, dass der französische Partner ein bestimmtes Verhalten zeigt, sondern auch dadurch, dass der deutsche Partner eine bestimmte, aber eben nicht eintretende Reaktion erwartet. Es ist wichtig, dass Sie alle Deutungen und Bedeutungen sorgfältig studieren und sich nicht darauf konzentrieren, nur die kulturell adäquate Deutung mit der dazugehörigen Bedeutung möglichst schnell zu identifizieren und »abzuhaken«. In einem nächsten Schritt sollten Sie nochmals in die kritische Interaktionssituation zurückgehen und anhand des bisher Gelernten überlegen, was die deutsche Führungskraft hätte tun können, um das Missverständnis und die Probleme aufzulösen. Sie sollten also zunächst einmal für die deutsche Fach- und Führungskraft eine Problemlösestrategie für den Fall entwickeln und diese schriftlich festhalten. Danach lesen Sie das, was im Text als Lösungsstrategie angeboten wird. Die dabei formulierten Handlungsempfehlungen sind als Anregungen zu verstehen, welches Verhalten in der gegebenen Situation sinnvoll ist, und Sie werden auf weniger kulturadäquate Verhaltensweisen aufmerksam gemacht. So lernen Sie, das Verhalten Ihrer französischen Partner richtig einzuschätzen und Handlungsstrategien für vergleichbare Situationen zu entwickeln, die zu einem produktiven und zufrieden stellenden Verlauf der Situation beitragen können. Jeder Themenblock schließt mit einer ausführlichen Erläuterung und kulturhistorischen Begründung des hier wirksamen französischen Kulturstandards, was zur Verfestigung und Vertiefung des Wissens dient, das Sie sich während der Bearbeitung des jeweiligen Themenbereichs aktiv erarbeitet haben. So arbeiten Sie die verschiedenen Beispiele in jedem Themenblock durch und finden zum Schluss eine Übersicht über die im Trainingsmaterial thematisierten Kulturstandards, verbunden mit einigen erläuternden Bemerkungen. Zum Schluss des Trainings wird noch ein kurzer zusammenfassender Überblick über die geschichtliche Entwicklung Frankreichs präsentiert, soweit dies zum Verständnis der verschiedenen Kulturstandards und deren historischer Einordnung wichtig ist. Weiterhin findet sich am Schluss des Buches eine kommentierte Literaturliste mit Büchern, aus denen Sie sich noch ergänzend auf den Arbeitseinsatz in Frankreich vorbereiten können. Dabei finden Sie sowohl Literatur, die sich mehr fachspezifisch mit der französischen Kultur und deren Auswirkungen im Alltagsleben beschäftigt, als auch Belletristik, die Ihnen ein weiteres vertiefendes Verständnis für Ihre französischen Partner vermitteln kann.

Bei dieser Form des Trainings ist es unumgänglich, sich hauptsächlich mit konfliktträchtigen Interaktionssituationen zwischen deutschen Fach- und Führungskräften und ihren französischen Partnern zu beschäftigen. Der Alltag in Frankreich sowie auch der berufliche Alltag sind aber nicht nur von Schwierigkeiten geprägt, sondern auch von freudig verlaufenden, spannenden und interessanten Ereignissen und Erlebnissen. Interkulturelles Lernen ist ein langwieriger und schwieriger Prozess und der Aufbau interkultureller Kompetenz dauert lange, gleichgültig, auf welche Kultur Sie sich vorbereiten. Doch mit diesem Trainingsmaterial in Verbindung mit Ihren konkreten Erfahrungen mit französischen Partnern vor Ort werden Sie in der Lage sein, den Arbeitsalltag besser zu meistern, Irritationen und Frustrationen besser zu verarbeiten und durch Ihre sich allmählich entwickelnde Sensibilität für die Wirksamkeit des französischen Orientierungssystems und seiner Kulturstandards sowie Ihr zunehmendes Einfühlungsvermögen in das Denken und Handeln Ihrer französischen Partner eine Prognosesicherheit aufzubauen, die es Ihnen ermöglicht, Problemsituationen zu vermeiden, zu entschärfen und deutsch-französische Überschneidungssituationen so zu managen, dass Sie mit Ihren französischen Partnern erfolgreich kooperieren können und dies auf eine für alle Seiten zufrieden stellende Art und Weise. Dazu wünschen wir Ihnen viel Freude und viel Erfolg und ein »Leben wie Gott in Frankreich«.

oui
non
PLANNERER

Themenbereich 1: Indirekter Kommunikationsstil

Beispiel 1: Halbjahresabschluss

Situation

Herr Adler ist in der Pariser Filiale eines großen, deutschen Automobilherstellers verantwortlich für die Revision. In einer Präsentation stellt er die Ergebnisse des letzten halben Jahres vor und legt dabei die aufgetretenen Probleme dar. Die einzelnen Kritikpunkte, die teilweise auch den Standortleiter, Herrn Pochet, betreffen, werden von diesem ohne weitere Bemerkungen abgesegnet. Zwei Tage danach trifft Herr Adler den Standortleiter im Hausflur: »Herr Adler, Ihre Darstellung in der Sitzung war nicht objektiv!« Herr Adler ist wie vor den Kopf gestoßen und versteht nicht, warum Herr Pochet das jetzt sagt.

Warum wird Herr Adler erst jetzt damit konfrontiert?

- Lesen Sie nun die Antwortalternativen nacheinander durch.
- Bestimmen Sie den Erklärungswert jeder Antwortalternative für die gegebene Situation und kreuzen Sie ihn auf der darunter befindlichen Skala an. Es ist möglich, dass mehrere Antwortalternativen den gleichen Erklärungswert besitzen.

Deutungen

a) Herr Pochet hält nichts von der Leistungsfähigkeit von Herrn Adler und zieht dessen Revisionsergebnisse grundsätzlich in Zweifel. Er ist aber so überrascht von Herrn Adlers Kritik an seiner eigenen Leistung, dass es ihm in der Sitzung wortwörtlich die Sprache verschlagen hat und er ihn erst zwei Tage danach zur Rede stellen kann.

sehr zutreffend | eher zutreffend | eher nicht zutreffend | nicht zutreffend

b) Kritik wird in Frankreich sehr ernst genommen. So bereitet sich Herr Pochet erst einmal zwei Tage lang sorgfältig auf das Kritikgespräch mit Herrn Adler vor.

sehr zutreffend | eher zutreffend | eher nicht zutreffend | nicht zutreffend

c) Herr Pochet hat grundsätzlich etwas gegen Deutsche, doch kann und will er das nicht in der Öffentlichkeit kundtun, aber bei nächster Gelegenheit zahlt er es Herrn Adler heim.

sehr zutreffend | eher zutreffend | eher nicht zutreffend | nicht zutreffend

d) Grundsätzlich ist es in Frankreich verpönt, so offen Kritik zu äußern. Da Herr Pochet weiß, was sich gehört, stimmt er Herrn Adler zunächst einmal zu.

sehr zutreffend | eher zutreffend | eher nicht zutreffend | nicht zutreffend

- Versuchen Sie, Ihre Einstufung jeder Antwortalternative zu begründen. Halten Sie die Begründung in schriftlicher Form stichpunktartig fest.
- Lesen Sie nun die Erläuterungen zu jeder Antwortalternative durch und vergleichen Sie diese mit Ihren eigenen Begründungen.

Bedeutungen

Erläuterung zu a):
Wenn Herr Pochet wirklich so grundsätzliche Bedenken gegenüber der fachlichen Qualifikation von Herrn Adler hegt, dann hätten seine Ausführungen seinen Erwartungen entsprochen und ihm nicht die Sprache verschlagen. Auch hätte er dann nicht die Revisionsergebnisse und Konsequenzen unumwunden abgesegnet.

Erläuterung zu b):
Es ist sicher richtig, dass gut begründete Kritik in so wichtigen Punkten in Frankreich nicht einfach übergangen wird. Da aber Herr Pochet als Standortleiter über die kritisierten Vorgänge genau Bescheid weiß, ist es unwahrscheinlich, dass er genau zwei Tage benötigt, um auf eine Diskussion mit Herrn Adler vorbereitet zu sein. Da muss ein anderer Grund vorliegen.

Erläuterung zu c):
Auch nach so langer Zeit gibt es sicher hier und da Vorurteile gegen Deutsche. Zu bedenken ist hier aber, dass Herr Adler und Herr Pochet wohl schon länger zusammenarbeiten und Herr Pochet den Ausführungen kritiklos zugestimmt hat, und das vor Publikum. Er segnet das Ergebnis ab und damit ist für alle – zumindest für Herrn Adler – der Fall abgeschlossen. Die geäußerten Zweifel an der Objektivität von Herrn Adler zwei Tage später – wie aus heiterem Himmel – sind so nicht zu erklären.

Erläuterung zu d):
So direkt wie in Deutschland wird in Frankreich Kritik nicht vorgebracht. Diese erfolgt eher »durch die Blume« und bevorzugt auf informellem Wege, um das Gegenüber nicht in der Öffentlichkeit und vor anderen bloßzustellen. Aus diesem Grund geht Herr Pochet nicht näher auf die Kritikpunkte während der Besprechung ein. Er nutzt seinerseits das informelle Gespräch zwei Tage später auf dem Flur, um sein Missfallen über Herrn Adlers harsche Vorgehensweise in dem Meeting deutlich zu machen. Seine Kritik bringt Herr Pochet nicht direkt zum Ausdruck, son-

dern verpackt in der Behauptung, Herrn Adlers Darstellungen seien nicht objektiv gewesen.

Lösungsstrategie

Kritik zu äußern und Kritik entgegenzunehmen, ist in allen Kulturräumen ein sehr schwieriger Vorgang. Es besteht immer die Gefahr, dass derjenige, auf den sich die Kritik bezieht oder der sich von der Kritik angesprochen fühlt, gekränkt und beleidigt ist. Der Kritisierte fühlt sich vor den Kopf gestoßen, ausgeschlossen aus dem Kreis der vermeintlich Leistungsfähigen und ungerecht behandelt. Die Kritik bewirkt eine Reduzierung seiner Arbeitsmotivation, seiner Leistungsbereitschaft und beeinträchtigt in erheblichem Maße die zwischenmenschliche Atmosphäre und das Klima in der Arbeitsgruppe. Zur Vermeidung dieser vorhersehbaren Reaktionen auf Kritik ist es in vielen Kulturen üblich, kritische Äußerungen hinter Lob und Anerkennung zu verbergen, nur indirekt, eventuell sogar nur über Drittpersonen sehr vorsichtig zum Ausdruck zu bringen oder überhaupt zu vermeiden. Dabei wissen alle, dass jedem Fehler unterlaufen können – »Nobody is perfect« – und dass Fehler und suboptimale Lösungen zu jeder Zeit auftreten können.

In allen kulturvergleichenden Untersuchungen hat sich gezeigt, dass ausländische Fach- und Führungskräfte, die mit Deutschen zusammenarbeiten, verwundert, zum Teil geschockt sind, mit welcher Selbstverständlichkeit, direkt und unvermittelt in Deutschland Fehler angesprochen und die daran beteiligten Personen kritisiert werden. Für nicht wenige ausländische Partner ist es beschämend, mit ansehen zu müssen, mit welcher Direktheit, Ausgiebigkeit und Differenziertheit Fehleranalysen im Beisein und unter Beteiligung der Verursacher vorgenommen werden. In solchen Fällen stehen in der Regel für Deutsche nicht die Person und ihre Befindlichkeit im Vordergrund, sondern die sachliche Diskussion einer problematischen Situation und die Entwicklung von Lösungsmöglichkeiten. Dabei wird unterstellt, dass jeder bereit sein muss, Kritik zu ertragen, besonders dann, wenn er als qualifizierte Fach- und Führungskraft gelten will, und sich wie selbstverständlich an der Lösung der von ihm verursachten Probleme vorrangig beteiligt. Herr Adler folgt in dem genannten Beispiel genau dieser in Deutschland anerkannten Strategie der Kritikbehandlung.

Auch in Frankreich wird Kritik ernst genommen und es wird nach Mitteln und Wegen gesucht, die entstandenen Probleme zu analysieren und zu lösen. Zugleich aber wird in hohem Maße Rücksicht genommen auf die persönlichen Befindlichkeiten der Personen, die mit den zu kritisierenden Sachverhalten in enger Verbindung stehen und sie unter Umständen zu verantworten haben. Kritik wird nur sehr vorsichtig sowie in sprachlich taktvoll verpackter Form zum Ausdruck gebracht. Personenbezogene Kritik vor Publikum, also zum Beispiel in einer Bilanzbesprechung wie im vorliegenden Fall, wird versucht zu vermeiden. So hätte Herr Adler die Bilanzergebnisse des letzten halben Jahres in den Vordergrund stellen müssen und, anstatt auftretende Probleme direkt anzusprechen, darauf hinweisen können, dass es an der einen oder anderen Stelle durchaus noch Verbesserungsmöglichkeiten geben könnte, um das insgesamt positive Ergebnis in Zukunft noch weiter zu steigern. Die Kritikpunkte hätten dann oder idealerweise vor der Präsentation im kleinen Kreis – natürlich in indirekter Form – angesprochen und mit Blick auf eine Optimierung der Unternehmensentwicklung einer Lösung zugeführt werden können.

Selbst nachdem Herr Adler Herrn Pochet vor Publikum für französische Verhältnisse überdeutlich kritisiert hat, kritisiert nun seinerseits Herr Pochet anschließend Herrn Adler nicht für seinen Vortrag, sondern macht ihn darauf aufmerksam, dass seine Ausführungen wohl nicht »objektiv« gewesen seien. Für die Zukunft wird Herr Adler sich merken müssen, dass »objektive« Darstellungen von Sachverhalten sich nicht nur an den sachlichen Gegebenheiten zu orientieren haben, sondern die beteiligten Personen mit ihren Empfindlichkeiten, ihren Wünschen nach Beachtung, Anerkennung und positiver Wertschätzung mit zu berücksichtigen sind. Er tut gut daran, in Zukunft genau hinzuhören, wenn seine französischen Kollegen sich in ihren Darlegungen kritischen Punkten nähern, wie sie kritische Aspekte in ihren Darlegungen ansprechen und welche Mittel und Wege sie aufgrund ihrer kulturellen Tradition zur Verfügung haben, Kritik so zu äußern, dass sie von allen akzeptiert werden kann.

Beispiel 2: Entscheidung

Situation

Herr Bender ist vom deutschen Mutterkonzern als Standortleiter in die Filiale nach Paris versetzt worden. Er soll dort die bereits bewährte Lösungsstrategie zur Kosteneinsparung einführen. Als die erste größere Entscheidung getroffen werden muss, ruft er seine Abteilungsleiter zusammen, um eine Gruppenentscheidung zu treffen. Er betont, dass es ihm wichtig ist, eine Lösung aus Deutschland zu übernehmen, die schon in mehreren Standorten zum Erfolg geführt hat. Die Lösung wird diskutiert und nach einer Stunde von allen für gut befunden. Die Nachfrage von Herrn Bender, ob alle einverstanden sind, wird von allen bejaht. Eine halbe Stunde nach dem Meeting kommt der Abteilungsleiter Herr Laroche zu Herrn Bender ins Büro. Er berichtet ihm, dass er die Lösung grundsätzlich gutheißen würde, er jedoch Zweifel habe, dass seine Abteilung momentan die Kompetenzen habe, die Lösung auch umzusetzen. Deswegen bittet er Herrn Bender, über sein Lösungskonzept noch einmal nachzudenken. Eine halbe Stunde später kommt ein weiterer Abteilungsleiter, Herr Laurent, mit demselben Anliegen zu Herrn Bender. Herr Bender versteht nicht, warum die beiden französischen Mitarbeiter ihre Bedenken erst jetzt vortragen.

Warum tragen die beiden französischen Mitarbeiter erst jetzt ihre Bedenken Herrn Bender vor?

- Lesen Sie nun die Antwortalternativen nacheinander durch.
- Bestimmen Sie den Erklärungswert jeder Antwortalternative für die gegebene Situation und kreuzen Sie ihn auf der darunter befindlichen Skala an. Es ist möglich, dass mehrere Antwortalternativen den gleichen Erklärungswert besitzen.

Deutungen

a) Herr Bender ist als Standortleiter hoch angesehen, auch seine kooperative Art, zu einvernehmlichen Entscheidungen zu kommen, wird allseits geschätzt. Die Abteilungsleiter stimmen zu, weil sie ihn mögen und ihn nicht enttäuschen wollen. Nachher ist die Situation aber ganz anders. Ein Privatgespräch kann nur von Nutzen sein.

sehr zutreffend	eher zutreffend	eher nicht zutreffend	nicht zutreffend

b) Die französischen Abteilungsleiter sind es leid, sich immer wieder an Kosteneinsparkonzepten zu beteiligen. Sie sind mit all dem, was Herr Bender ihnen vorschlägt, zwar nicht einverstanden, aber was sollen sie machen? So versucht anschließend jeder auf eigene Faust, das Schlimmste zu verhindern.

sehr zutreffend	eher zutreffend	eher nicht zutreffend	nicht zutreffend

c) Kosteneinsparkonzepte kennen die Abteilungsleiter schon und sie wissen auch, dass nur so die Wettbewerbsfähigkeit des Unternehmens und damit auch ihre Arbeitsplätze erhalten werden können. Aber ein Lösungskonzept ausgerechnet aus Deutschland wollen sie nicht mittragen.

sehr zutreffend	eher zutreffend	eher nicht zutreffend	nicht zutreffend

d) Herrn Bender als Standortleiter ist es wichtig, eine bereits aus Deutschland bewährte Lösungsstrategie zur Kosteneinsparung einzuführen. Die französischen Abteilungsleiter vermeiden es daher, ihre Bedenken in öffentlicher Runde anzubringen, um ihr Gesicht sowie das von Herrn Bender zu wahren.

sehr zutreffend	eher zutreffend	eher nicht zutreffend	nicht zutreffend

- Versuchen Sie, Ihre Einstufung jeder Antwortalternative zu begründen. Halten Sie die Begründung in schriftlicher Form stichpunktartig fest.
- Lesen Sie nun die Erläuterungen zu jeder Antwortalternative durch und vergleichen Sie diese mit Ihren eigenen Begründungen.

Bedeutungen

Erläuterung zu a):
Es kommt sicher vor, dass ein Chef so beliebt ist, dass man ihm nichts abschlagen kann. Im vorliegenden Beispiel stellt Herr Bender die Abteilungsleiter aber nicht vor vollendete Tatsachen und fordert sie zur Loyalität auf, vielmehr betont er die Notwendigkeit, eine einvernehmliche Gruppenentscheidung bezüglich eines adäquaten Lösungsvorschlages herbeizuführen. Hier hatten alle Mitarbeiter die Möglichkeit, ja sie waren geradezu verpflichtet, ihre Bedenken vorzutragen. Stattdessen suchen sie das Einzelgespräch mit ihrem Chef, um den gemeinsam gefassten Beschluss von Grund auf in Frage zu stellen. Das muss einen anderen Grund haben als nur die Zuneigung zum Chef.

Erläuterung zu b):
Ob in Frankreich oder in Deutschland, niemand ist über erzwungene Kosteneinsparungen glücklich, da solche Konzepte für die Führung immer mit zusätzlichen Akzeptanz- und Durchsetzungsproblemen verbunden sind. Aber hier geht es darum, dass ein einvernehmlich gefasster Beschluss, der ausführlich diskutiert wurde, nach der Sitzung von einzelnen Sitzungsteilnehmern angezweifelt und als nicht realisierbar dargestellt wird. Diese Deutung gibt darauf keine überzeugende Antwort.

Erläuterung zu c):
Tatsächlich lässt der Nationalstolz der Franzosen (Themenbereich 7) es nur schwer erträglich erscheinen, ein in Deutschland bewährtes Einsparkonzept zu akzeptieren. Da es sich aber um eine französische Filiale eines deutschen Mutterkonzerns handelt und kein Abteilungsleiter Bedenken angemeldet hat, als Herr

Bender den Vorschlag unterbreitete, ist es nicht recht einzusehen, dass nach der einvernehmlichen Entscheidung einzelne Abteilungsleiter behaupten, der Plan sei nicht umzusetzen. Vorbehalte gegen Herrn Bender als Deutschem oder den speziell deutschen Lösungsvorschlag sind durchaus denkbar, aber eine andere Deutung wird wohl zutreffender sein.

Erläuterung zu d):
Es ist allen Abteilungsleitern klar, dass Herr Bender Recht hat, wenn er eine in Deutschland bewährte Lösungsstrategie zur Kosteneinsparung nun auch im Tochterunternehmen in Paris einführen will. Das hat Vorteile für alle, aber auf dem Weg dorthin sind nun einmal viele Hürden zu nehmen und eine komplette Übertragung der deutschen Lösung auf die französischen Verhältnisse, und das in so kurzer Zeit, ist aus vielen Gründen nicht ohne Weiteres möglich. Diese schwierigen Fragen vor allen Abteilungsleitern zu erörtern und damit Herrn Bender herauszufordern, sofort Stellung zu beziehen und selbst vor allen Farbe bekennen zu müssen, dass das alles nicht so schnell geht, verbietet die Etikette.

Lösungsstrategie

Der deutsche Mutterkonzern hat Herrn Bender als Standortleiter eigens in die Filiale nach Paris geschickt, um dort eine bewährte Lösungsstrategie zur Kosteneinsparung einzuführen. Für die französischen Abteilungsleiter ist Herr Bender der absolute Chef, der alles weiß und alles im Griff hat, und dessen deutscher Mutterkonzern hinter ihm steht. Sie nehmen den Lösungsvorschlag zur Kenntnis, beteiligen sich womöglich auch ausgiebig an der Diskussion der Details und stimmen schließlich dem Vorschlag der Autorität zu, wenngleich sie in Bezug auf die Besonderheiten der Realisierung des Lösungsvorschlags und in Kenntnis ihrer spezifischen Abteilungen Bedenken haben. Diese Bedenken tragen sie aber nicht in der Abteilungsleiterbesprechung vor, die einerseits einen hohen Grad an Öffentlichkeitscharakter hat und zum anderen stark von den Vorgaben des Standortleiters bestimmt ist. Sie befürchten, dass bei einer solchen Diskussion Schwierigkeiten und Missstände in ihrer eigenen Abteilung aufgedeckt und unnötiger Weise breitgetreten werden und dass Herr Bender möglicherweise in eine Situation gerät, in der er ohne die notwendigen Detailkenntnisse argumentiert und Entscheidungen trifft, die er nachher wieder zurücknehmen muss, wenn er seinen Lösungsvorschlag realisieren will. Aus französischer Sicht stimmen alle nach der einstündigen Diskussion dem Vorschlag von Herrn Bender im Sinne einer »generellen Lösungsstrategie« zu, obwohl sie schon zu diesem Zeitpunkt wissen, dass Modifikationen notwendig sind. Herr Bender ist überzeugt, dass nur der bereits bewährte Lösungsvorschlag zur Umsetzung in Frage kommen kann. So geht er davon aus, wenn er den Lösungsvorschlag erläutert, danach eine lebhafte einstündige Diskussion stattfindet und schließlich alle seinem Vorschlag zustimmen, dass damit auch alle Bedenken ausgeräumt sind und es nun nur noch darum gehen kann, den Lösungsvorschlag, so wie er sich bewährt hat, umzusetzen.

Herr Bender sollte bedenken, dass eine sachliche und detaillierte Darstellung des Lösungsvorschlags und eine sich daran anschließende einstündige Diskussion durchaus ausreichend ist, eine Entscheidung über das Für und Wider seitens der Abteilungsleiter herbeizuführen, dies aber nicht das letzte Wort zu dem geplanten Projekt sein muss. Die Entscheidung sollte er eher als eine zustimmende Meinungsbekundung auffassen und sich darauf einstellen, dass seine französischen Abteilungsleiter bei der Frage, wie dieser Lösungsvorschlag konkret in den einzelnen Abteilungen umzusetzen ist, noch mit vielen durchaus bedenkenswerten Modifikationsvorschlägen auf ihn zukommen werden. Erst wenn es Herrn Bender gelingt, in diesen nachträglichen Einzelgesprächen auf die Wünsche und Anliegen mit einem hohen Maß an Wertschätzung zu reagieren, jeden Abteilungsleiter ernst zu nehmen und nicht auf dem einmal getroffenen Beschluss zu beharren, wird er aus französischer Sicht Führungsstärke und Führungsqualität zeigen und es wird ihm auch weiterhin ein hohes Maß an Vertrauen entgegengebracht werden. Ein Abschmettern der Vorschläge mit dem Hinweis auf den einmal getroffenen einstimmigen Beschluss würde ihm eher den

Vorwurf der Arroganz, der Engstirnigkeit und der mangelnden Flexibilität einbringen und seine Führungsqualitäten in Frage stellen.

Beispiel 3: Anonyme Mitarbeiterbefragung

Situation

Herr Schneider leitet seit ein paar Monaten den Finanzbereich eines amerikanisch-deutschen Joint-Venture-Unternehmens am französischen Standort. An ihn berichtet sein amerikanischer Kollege Herr Jones, der seinerseits wiederum für 25 Mitarbeiter zuständig ist. Herr Jones spricht wenig Französisch und einige seiner Mitarbeiter beherrschen wiederum die englische Sprache nicht sehr gut. In einer kürzlich anonym durchgeführten Mitarbeiterbefragung haben sich einige Mitarbeiter aus dem Bereich von Herrn Schneider beschwert. Sie meinten, es sei doch nicht zu viel verlangt, einen Manager zu haben, der auch die Landessprache einigermaßen beherrscht. Herr Schneider sieht zwar die Problematik, versteht aber nicht, warum die Mitarbeiter nicht direkt mit ihm darüber sprechen.

Warum sprechen die französischen Mitarbeiter nicht direkt mit Herrn Jones?

- Lesen Sie nun die Antwortalternativen nacheinander durch.
- Bestimmen Sie den Erklärungswert jeder Antwortalternative für die gegebene Situation und kreuzen Sie ihn auf der darunter befindlichen Skala an. Es ist möglich, dass mehrere Antwortalternativen den gleichen Erklärungswert besitzen.

Deutungen

a) Die französischen Mitarbeiter ärgern sich zwar, dass keiner in der Unternehmensleitung gut Französisch spricht, doch wagen sie keine offene Kritik, weil sie ihren Arbeitsplatz behalten wollen.

sehr zutreffend	eher zutreffend	eher nicht zutreffend	nicht zutreffend

b) Eine Mitarbeiterbefragung ist dazu da, ein Stimmungsbild über die Befindlichkeit der Mitarbeiter zu bekommen. Dies ist ein wichtiges Forum, auf dem Klagen und Unstimmigkeiten thematisiert werden können. Wieso wundert sich Herr Schneider? Vermutlich weiß er nicht, was eine Mitarbeiterbefragung bedeutet.

sehr zutreffend	eher zutreffend	eher nicht zutreffend	nicht zutreffend

c) Die französischen Mitarbeiter bringen ihren Ärger über den Umweg der anonymen Mitarbeiterbefragung zum Ausdruck, um eine offene Kritik an der Unternehmensleitung zu vermeiden.

sehr zutreffend	eher zutreffend	eher nicht zutreffend	nicht zutreffend

d) Warum sollen die französischen Angestellten mit Herrn Schneider über das Sprachproblem reden, da er und alle anderen Entscheidungsträger das Problem doch kennen müssten, weil alle betroffenen Personen eng zusammenarbeiten?

sehr zutreffend	eher zutreffend	eher nicht zutreffend	nicht zutreffend

- Versuchen Sie, Ihre Einstufung jeder Antwortalternative zu begründen. Halten Sie die Begründung in schriftlicher Form stichpunktartig fest.
- Lesen Sie nun die Erläuterungen zu jeder Antwortalternative durch und vergleichen Sie diese mit Ihren eigenen Begründungen.

Bedeutungen

Erläuterung zu a):
Oft schlucken Mitarbeiter Ärger herunter, um nicht unangenehm aufzufallen. Wenn sie dann die Gelegenheit haben, sich zu äußern, thematisieren sie ihre Probleme. Da aber, aus der Situationsbeschreibung erkennbar, ein sehr gutes Verhältnis zwischen Herrn Schneider und seinen französischen Mitarbeitern herrscht, ist die Furcht vor Arbeitsplatzverlust im Zusammenhang mit einer Diskussion über Sprachprobleme eher unwahrscheinlich.

Erläuterung zu b):
Als Leiter eines amerikanisch-deutschen Joint-Venture-Unternehmens weiß Herr Schneider sicher, was eine Mitarbeiterbefragung bedeutet. Er ist nur irritiert, dass die Personen, mit denen er tagtäglich zusammenarbeitet, ausgerechnet die Anonymität nutzen, dieses Problem anzusprechen. Seiner Meinung nach wäre ein offenes Gespräch mit ihm viel zielführender gewesen, aber genau das findet nicht statt.

Erläuterung zu c):
Für Franzosen ist die Beherrschung der französischen Sprache generell ein Zeichen von Kultiviertheit. Sie sind stolz auf ihre Sprache und erwarten, dass ausländische Manager gut Französisch können. Dies öffentlich zu äußern, noch dazu gegenüber ihrem Vorgesetzten Herrn Jones, ist in Frankreich nicht üblich. Zudem könnte sich Herr Jones beleidigt fühlen, der sich ja schon bemüht hat, Französisch zu lernen und sich schon etwas, wenn auch noch nicht gut, verständigen kann. So kommt ihnen die anonyme Mitarbeiterbefragung gerade recht, um auf indirektem Wege ihre Kritik loszuwerden, ohne sich und andere bloßstellen zu müssen.

Erläuterung zu d):
Offensichtlich gibt es kein ernsthaftes, sachbezogenes Verständnisproblem im Unternehmen, obwohl keiner gut Französisch spricht. Es ist wohl eher eine Stilfrage, die von den französischen Mitarbeitern als Belastung gesehen wird, denn in einem in Frankreich angesiedelten Unternehmen sollte doch mindestens eine

der Führungskräfte die französische Sprache beherrschen. Aber warum wird das Anliegen nicht an Herrn Schneider direkt herangetragen und stattdessen im Rahmen einer anonymen Befragung? Der Grund ist noch nicht klar.

Lösungsstrategie

In allen Ländern und in allen Unternehmen sind anonyme Mitarbeiterbefragungen ein hervorragendes Instrument, um herauszufinden, was die Mitarbeiter denken und fühlen, was sie belastet und bewegt und was sie gern kritisieren und verändern möchten, ohne Gefahr zu laufen, dafür persönlich haftbar, zur Rechenschaft gezogen oder bestraft zu werden. Herr Schneider geht offensichtlich davon aus, dass er zu seinen Mitarbeitern ein so enges Vertrauensverhältnis hat, dass sie ihm alle ihre Bedenken und Klagen vortragen werden und dabei nicht auf eine anonyme Mitarbeiterbefragung angewiesen sind. Herr Schneider geht aufgrund seiner deutschen Kulturtradition vermutlich auch davon aus, dass eine so sachbezogene Kritik wie die, dass von den Führungskräften eines deutsch-amerikanischen Joint-Ventures am französischen Standort erwartet werden kann, dass sie Französisch sprechen, ohne Bedenken mit ihm als Vorgesetzten und untereinander, womöglich noch in einem allgemeinen Arbeitsgespräch, diskutiert werden kann. Was Herr Schneider nicht bedenkt, ist, wie viel bei einer solchen öffentlichen und direkten Erörterung, auch mit ihm als Vorgesetztem, an persönlichen Belastungen, Risiken und Gefahren auf Seiten der Kritiker und der Kritisierten zumindest aus französischer Sicht verbunden sein kann. Auf dieses hohe Maß an Sensibilität für persönliche Empfindlichkeiten und schwer zu ertragende Belastungen selbst bei der Erörterung eher sachlicher Themen durch seine französischen Mitarbeiter sollte Herr Schneider zukünftig besonders achten, wenn er das Vertrauensverhältnis zu ihnen nicht verspielen will. Zudem sollte er dieser Sensibilität ein hohes Maß an Wertschätzung entgegenbringen, das heißt sich bemühen, durch Empathie und Nachahmung ein Gespür dafür zu entwickeln, wie es gelingt bei aller Sachlichkeit auf mehr indirekten Wegen Meinungen auszutauschen, Standpunkte zu platzieren und Kritik so zu explizieren, dass alle Beteiligten einerseits unbeschädigt aus der Kommunikationssituation herauskommen und andererseits womöglich noch einen persönlichen Prestigegewinn daraus mitnehmen. Zu bedenken ist in diesem Zusammenhang auch, dass nicht die deutschen Diplomaten traditionell als Vorbilder für geschickte Diplomatie galten, sondern die französische Diplomatie weltweit für ihre Geschicklichkeit berühmt war und zum Teil noch ist.

Beispiel 4: Regelmäßige Meetings

Situation

Herr Hofmann ist seit kurzem in der Pariser Filiale eines großen deutschen Pharmaproduzenten als Abteilungsleiter tätig. Er führt in seiner Abteilung ein, dass alle zwei Wochen zu Wochenbeginn ein Teammeeting stattfindet, um wichtige Themen zu besprechen. Des Weiteren organisiert er regelmäßige Treffen mit jedem einzelnen Mitarbeiter. Jedoch stellt Herr Hofmann schnell fest, dass die Meetings nicht nach seinen Vorstellungen ablaufen. So hatte er beispielsweise mit der Mitarbeiterin Frau Lacombe für Donnerstags von 14 bis 15 Uhr einen Termin festgelegt, zu dem diese aber nicht erscheint. Auch bei den regelmäßigen Teammeetings erscheinen einzelne Mitarbeiter einfach nicht. Herr Hofmann versteht nicht, warum seine Mitarbeiter zu den vereinbarten, regelmäßigen Terminen nicht kommen.

Warum halten die französischen Mitarbeiter die vereinbarten Termine nicht ein?

- Lesen Sie nun die Antwortalternativen nacheinander durch.
- Bestimmen Sie den Erklärungswert jeder Antwortalternative für die gegebene Situation und kreuzen Sie ihn auf der darunter befindlichen Skala an. Es ist möglich, dass mehrere Antwortalternativen den gleichen Erklärungswert besitzen.

Deutungen

a) Die französischen Mitarbeiter von Herrn Hofmann sind es gewohnt, wichtige Themen oder dringende Angelegenheiten sofort und auf informellem Wege anzusprechen, und sehen daher oftmals nicht den Bedarf für regelmäßige Teammeetings.

sehr zutreffend	eher zutreffend	eher nicht zutreffend	nicht zutreffend

b) Mit der Arbeitsmoral scheint es in diesem Pharmaunternehmen nicht zum Besten zu stehen. Wenn Mitarbeiter anderes zu tun haben, ignorieren sie einfach die eingeführten Neuerungen.

sehr zutreffend	eher zutreffend	eher nicht zutreffend	nicht zutreffend

c) Herr Hofmann ist neu und weiß noch nicht, dass Teamsitzungen in Frankreich unüblich sind. Man bespricht wichtige Themen am Telefon, was kostensparender ist.

sehr zutreffend	eher zutreffend	eher nicht zutreffend	nicht zutreffend

d) Herr Hofmann hat seine Mitarbeiter mit seinen Teamsitzungen überrascht. Sie sind es nicht gewohnt, dass Neuerungen, ohne sie vorher zu konsultieren, einfach befohlen werden.

sehr zutreffend	eher zutreffend	eher nicht zutreffend	nicht zutreffend

- Versuchen Sie, Ihre Einstufung jeder Antwortalternative zu begründen. Halten Sie die Begründung in schriftlicher Form stichpunktartig fest.
- Lesen Sie nun die Erläuterungen zu jeder Antwortalternative durch und vergleichen Sie diese mit Ihren eigenen Begründungen.

Bedeutungen

Erläuterung zu a):
Regelmäßige, zu bestimmten Zeitpunkten stattfindende Teammeetings und Einzelgespräche folgen einem starren Muster. Sie finden nicht statt, wenn etwas anliegt und sofort und schnell geklärt werden muss, sondern planmäßig zu festen Zeiten. Besprechungsthemen müssen aufgehoben werden, bis der Zeitpunkt für die Besprechung gekommen ist, selbst wenn dann womöglich kein Gesprächsbedarf mehr besteht. Die französischen Mitarbeiter von Herrn Hofmann möchten ihm die Notwendigkeit solcher festgelegten Besprechungstermine aber nicht direkt sagen, sondern bleiben hier und da und immer häufiger weg, in der Hoffnung, er merkt ihre Abneigung und verzichtet zukünftig auf feste Besprechungstermine.

Erläuterung zu b):
Die Arbeitsmoral muss schon sehr schlecht sein, wenn Mitarbeiter es sich erlauben, Teamsitzungen und Einzelgespräche, die ein neuer Chef einführt, einfach zu ignorieren. Sie riskieren damit, eventuell ihren Arbeitsplatz zu verlieren oder eine Abmahnung. Vom gestörten Verhältnis zum neuen Chef ganz zu schweigen. Diese Deutung ist aber eher unwahrscheinlich, gerade in der Auslandsniederlassung eines deutschen Unternehmens in Paris, die offensichtlich schon länger besteht.

Erläuterung zu c):
Führungskräften, die neu in ein Unternehmen eintreten, besonders in einem anderen Land als das Mutterunternehmen, können schnell Fehler unterlaufen, wenn sie sich nicht nach den Gewohnheiten und Traditionen erkundigen und einfach über die Köpfe der Mitarbeiter Neuerungen einführen. Aber regelmäßige Teamsitzungen und Einzelbesprechungen sind so ungewöhnlich nicht, zumal es sich in Paris um die Filiale eines deutschen Pharmaunternehmens handelt. Ein anderer Grund ist zutreffender.

Erläuterung zu d):
Diese Deutung setzt voraus, dass in diesem Pharmaunternehmen eine stark partizipativ orientierte Unternehmenskultur vor-

herrscht, die Anordnungen dieser Art nicht zulässt. Zudem wäre bei Mitarbeitern, die es gewohnt sind, vorher gefragt zu werden, zu erwarten, dass sie mit Herrn Hofmann über diese Neuerungen sprechen und nicht einfach den Sitzungen fern bleiben.

Lösungsstrategie

Deutsche sind bei vielen ausländischen Partnern dafür bekannt, dass sie es lieben, nach festen Plänen, Zeitvorgaben und Regeln zu arbeiten. So ist es auch für Herrn Hofmann selbstverständlich, Teambesprechungen und Einzelgespräche in einem festgelegten zeitlichen Rhythmus veranstalten zu lassen. Er geht davon aus, dass jeder seiner Mitarbeiter diese Besprechungszeiten in seinen Terminplan einbaut, so dass er nicht jedes Mal neue Besprechungstermine mit ihnen vereinbaren muss, zu denen dann wieder aufgrund anderer Verpflichtungen Einzelne nicht anwesend sein können. Er hat aber nicht bedacht, dass Franzosen es überhaupt nicht lieben und auch nicht für sinnvoll halten, Themen erst dann mit ihren Kollegen in der Gruppe oder im Einzelgespräch mit ihrem Chef zu diskutieren, wenn der Zeitpunkt für ein Teammeeting oder ein Einzelgespräch gekommen ist. Nach ihrem stark polychronen Zeitverständnis arbeiten sie an vielen Themen gleichzeitig, wobei immer wieder zu vorher nicht festlegbaren Zeiten die Notwendigkeit zum Gespräch untereinander oder mit den Vorgesetzten notwendig ist. In Frankreich ist es üblich, dass dann sofort miteinander gesprochen wird, meist in einem informellen Rahmen, auf dem Flur, während eines spontan angesetzten Essens oder am Kaffeeautomaten.

Die Themen, die bei solchen informellen Gesprächen behandelt werden, sind genauso wichtig wie das, was in einem offiziellen Meeting angesprochen wird. Sie haben auch nicht den Charakter von so genannten Nebengesprächen, die außerhalb der offiziellen Diskussionsrunden geführt werden, sondern sie gehören wie selbstverständlich zum Gesprächsalltag. Unter diesen Bedingungen empfinden die französischen Mitarbeiter die von Herrn Hofmann angesetzten festen und damit starren Besprechungstermine als überflüssig, zeitraubend und quälend, weil zum Teil Themen besprochen werden, die sich längst erledigt haben, und Probleme, die bereits gelöst sind. So stehen zu dem festgelegten Gesprächstermin wichtige Themen überhaupt nicht mehr an und die Zeit wird mit nebensächlichem und unbedeutendem Geplänkel vertan. Da die französischen Mitarbeiter aber wissen, dass Herr Hofmann auf die festgelegten Gesprächstermine sehr großen Wert legt und er die Zusammenkünfte liebt, möchten sie ihm diese Maßnahme nicht während eines offiziellen Besprechungstermins ausreden, sondern bleiben immer häufiger den Besprechungen fern. Dies sollte für Herrn Hofmann ein deutliches Zeichen sein, dass seine Mitarbeiter über die zeitlich festgelegten Besprechungstermine nicht sehr glücklich sind. Anstatt sie auf die Versäumnisse direkt anzusprechen, sollte er die Anzahl der Besprechungstermine deutlich reduzieren und nicht mehr nach einem festen Zeitplan vorgehen, sondern Termine von Fall zu Fall ansetzen, wenn ihm eine Teambesprechung oder ein Einzelgespräch dringend erforderlich erscheint. Er könnte dann feststellen, ob die Bereitschaft zur Teilnahme sich wieder deutlich erhöht und zugleich beobachten, wie intensiv die Kommunikation seiner Mitarbeiter untereinander und mit ihm außerhalb der Besprechungstermine ist. Möglicherweise wird er erst dann feststellen, dass Franzosen viel häufiger in informellem Rahmen miteinander über arbeitsbezogene Themen diskutieren – und das ausgiebig und im Detail –, als dies in Deutschland der Fall ist. Daraus könnte er die zutreffende Schlussfolgerung ziehen, dass Franzosen eine andere Besprechungskultur entwickelt haben als Deutsche und dass es in diesem Fall produktiver und dem Vertrauensverhältnis förderlicher ist, wenn er sich der französischen Besprechungskultur anpasst, anstatt seine Mitarbeiter auf ein deutsches, zeitlich starres Besprechungssystem festzulegen.

Hintergrundinformationen zu »Indirekter Kommunikationsstil«

Franzosen tendieren in ihrer Kommunikation eher dazu, Informationen auf indirekte Art und Weise zu vermitteln. Die eigentliche Botschaft steckt überwiegend nicht in den expliziten Äußerungen, sondern ist implizit »zwischen den Zeilen« und im Ungesagten enthalten.

Implizite Kommunikation

Laut dem Petit Robert (2000) bedeutet die französische Definition von »implicite« (übersetzt): »Was virtuell in einer Aussage oder einer Tatsache enthalten ist, ohne formell ausgedrückt zu sein, und durch Deduktion oder Induktion daraus erschlossen werden kann«. Dies kommt einer Einladung zum Mitdenken gleich. Die wesentliche Information ist in der Nachricht durchaus enthalten, jedoch nicht im Gesagten, sondern im Unausgesprochenen. Die eigentliche Botschaft ist dem Zuhörer trotzdem zugänglich, wenn er die aktuelle Situation, den Kontext, die nonverbalen Signale des Gegenübers, den geteilten Bildungshintergrund, den gemeinsamen Erfahrungshorizont als Interpretationshilfen heranzieht (Demangeat u. Molz, 2003). Im Gegensatz zur deutschen Kultur, die eine »low-context«-Kommunikation bevorzugt (Schroll-Machl, 2002), zählt Frankreich zu den »high-context«-Kulturen (Hall, 1984). Dies bedeutet, dass hier vieles aus dem Kontext, das heißt der jeweiligen Situation und der nonverbalen Kommunikation, ableitbar ist. In der französischen Kultur, die sich durch eine relativ hohe Informationsdichte auszeichnet, ist entsprechend der ständige Austausch von Informationen höher als in Deutschland. Franzosen bevorzugen, um Informationen zu übermitteln, eher mündliche Gesprächssituationen, da sich dort implizite Kommunikation besonders gut entfalten kann. Vielfältig interpretierbare Andeutungen und vage Anspielungen prägen das französische Kommunikationsverhalten, genügen aber dem französischen Gegenüber zum Verständnis der jeweiligen Situation aufgrund des ausgeprägten, gemeinsamen Wissenskontextes. So gilt es als hoch geschätzte Kunst, Sachverhalte ohne direktes Ansprechen geistreich und anspielungsreich zu umschreiben, sowie als Zeichen guten Benehmens und Stils, auf diplomatische Art zu überzeugen. Außerdem sind es die Franzosen gewohnt, häufiger als ihre deutschen Pendants den Gesprächspartner zu unterbrechen. Diese Unterbrechungen, die überwiegend die Funktion haben, dem gerade Gesagten zuzustimmen oder einen neuen Gedanken einzubringen, drücken somit im französischen Kontext Interesse und Engagement am Gespräch aus.

Indirektes Äußern von Kritik und informelle Informationswege

Der Kommunikationsstil der Franzosen spiegelt sich auch in ihrem Umgang mit Kritik wider. Kritik wird im Gegensatz zur deutschen Kultur, in der sie direkt und ohne große Umschweife geäußert wird, eher »durch die Blume« geübt. In Frankreich wird versucht, Kritik in einer indirekten sowie sprachlich taktvoll verpackten Form anzubringen. Gegebenenfalls wird sie über den Umweg eines Dritten angebracht, dessen Aufgabe es ist, mit der betreffenden Person zu sprechen. Zudem wird es vermieden, Kollegen und insbesondere Vorgesetzte in Meetings oder Besprechungen zu kritisieren, um diese nicht öffentlich bloßzustellen. Franzosen bevorzugen hierzu eher informelle Settings. So nutzen sie zum Beispiel bei einer Kaffee- oder Zigarettenpause die Möglichkeit, um Kritik oder Kritisches anzusprechen. Die informellen Settings spielen allerdings nicht nur in diesem Zusammenhang eine wichtige Rolle. Insgesamt dominiert in Frankreich die Informations-Holschuld, das heißt, es wird als normal erachtet, wenn keine Benachrichtigungen erfolgen und Erklärungen sowie Begründungen nur auf Nachfrage gegeben werden. Es ist somit an jedem Einzelnen, sich Informationen zu beschaffen und auf dem Laufenden zu halten. Dies geschieht vornehmlich in mündlicher Form und auf informellem Wege, zum Beispiel bei einer Unterhaltung auf dem Flur, am Kopierer oder Kaffeeautomaten. Dabei werden nicht nur wesentliche Informationen eingeholt und ausgetauscht, sondern auch wichtige Angelegenheiten und Entscheidungen besprochen. Da in Frankreich die Kommunikation eher darauf basiert, Informationen über persönliche Kontakte weiterzugeben, stellen diese eine Art Machtquelle dar. Macht und Information bedingen sich gewissermaßen gegenseitig, was Schneider und Barsoux (1997) wie folgt ausdrücken: »the political nature of French organizations encourage information to be seen as a source of power and therefore not easily given away« (S. 95). Um im Informationsfluss eingebunden zu sein und zu bleiben, ist es somit von zentraler Bedeutung, persönliche Beziehungen aufzubauen und zu pflegen (siehe Themenbereich 2: Personenorientierung).

Kulturelle Verankerung von »Indirekter Kommunikationsstil«

Für die Herausbildung des impliziten Kommunikationsstils spielen mehrere Faktoren eine Rolle. Zum einen ist die französische Kultur aus einer lang anhaltenden Tendenz zur Zentralisierung und Einheitlichkeit heraus entstanden (vgl. Kapitel: Die geschichtliche Entwicklung Frankreichs; Pateau, 1999). Den Grundstein für einen zentralistischen Staat legte bereits der Frankenkönig Chlodwig, indem er zum katholischen Glauben konvertierte und somit die einheimische christliche Bevölkerung für sich gewann. Dadurch gelang es ihm, den militärisch-politischen Komplex seines Reiches mit der Verwaltung zu verbinden, die damals in den Händen der Kirche lag, die sie wiederum nach dem Zusammenbruch des römischen Reiches weitergeführt hatte. Seit der kapetingischen Dynastie vollzog sich die Vereinheitlichung Frankreichs vom Zentrum Paris aus durch Politik, Religion aber auch durch das Bildungs- und Verwaltungssystem und entwickelte sich unabhängig von den jeweils herrschenden Regimen kontinuierlich weiter (Pateau, 1997).

Die dauerhaften Auswirkungen der dominierenden höfischen Gesellschaft (Elias, 1969) förderten auch die kulturelle Einigung. Der Königshof entwickelte ein »Umlaufsystem« für die Adeligen, die sechs Monate bei Hofe und sechs Monate in der Provinz verbrachten. Dadurch verbreiteten diese schnell das höfische Modell, bei dem es vor allem auf »nuanciertes, kalkuliertes Handeln, subtiles Verhalten gegenüber den Mächtigen, Beobachtung der anderen, Kontrolle seiner Leidenschaften, das Prestige von Stil und Etikette« (Pateau, 1998, S. 160) ankam. Diese vom Adel der höfischen Gesellschaft vorgelebte Lebensweise wurde von dem nach der Revolution 1789 an die Macht gekommenen Bürgertum übernommen und prägte die französische Gesellschaft bis in die Gegenwart hinein (Ammon, 1994).

Des Weiteren bewirkte die Französische Revolution nicht etwa eine Abschwächung der politischen Zentralisierung, sondern trieb diese durch die Vereinheitlichung des Schulsystems sowie durch die Aufteilung Frankreichs in die von der Zentrale (Paris) abhängigen Départements noch weiter voran. Entsprechend weist de Tocqueville (1856/1969) in diesem Zusammenhang darauf hin, dass sich zwar der absolutistische Zentralismus in einen demokratischen gewandelt habe, aber die zentralistische Komponente gestärkt aus den Umwälzungen hervorging. Vor allem in institutioneller und rechtlicher Hinsicht vollendete Napoleon das Werk der Revolution, indem er zum einen ein einheitliches Rechtssystem einführte und zum anderen in den Départements Präfekten als Vollzugs- und Kontrollorgan der Zentralgewalt einsetzte. Außerdem wurde durch Napoleons Grandes Ecoles, die zur Heranbildung einer dem Staat treu ergebenen Elite gegründet wurden, die Vereinheitlichung des Schulsystems auf den Höhepunkt getrieben. Seit dieser Zeit ist die zentralistische Struktur so stabil, dass sie sich fortwährend reproduziert. Einen wesentlichen Beitrag hierzu leistete auch Jules Ferry durch seine Bildungsreform, da er die kostenlose, konfessionslose und obligatorische Schule (1881/1882) einführte, die es ermöglichte, dieselben Lehrstoffe und Wertvorstellungen auf dem gesamten französischen Staatsgebiet zu verbreiten (Pateau, 1998). Durch die zentrale Schulpolitik förderte er zudem die sprachliche Einheit, da nur das Französische als Unterrichtssprache gestattet war. Zugleich wurden die Dialekte und Regionalsprachen moralisch abgewertet und mit Hilfe massiver Unterdrückungsstrategien an den Rand gedrängt (vgl. Demangeat u. Molz, 2003). Die Ausbreitung des Französischen als Gemeinsprache – durch das Edikt von Villers-Cotterêts begonnen und durch die Zentralisierungsbestrebungen im 17. Jahrhundert sowie insbesondere durch die Französische Revolution (ab 1794 im Rahmen der Schreckensherrschaft unter Robespierre) nachhaltig vorangetrieben – wurde auf diese Weise fortgesetzt und tatsächlich Anfang des 20. Jahrhunderts erreicht.

Auch in der französischen Wirtschaft spielt die zentralistische

Politik eine entscheidende Rolle. Vom 16. bis zum 18. Jahrhundert entwickelte sich die Vormachtstellung des französischen Staates in der nationalen Wirtschaft und prägte sich während der Französischen Revolution langfristig ins französische Bewusstsein ein (Fischer, 1996). Entsprechend zeigt sich, angefangen von den ersten königlichen Manufakturen bis hin zur heutigen staatlichen Atomenergiestrategie, das Primat des Politischen im Wirtschaftsbereich in der Anwendung strategisch geplanter sowie von oben nach unten gesteuerter Wirtschaftspolitik.

Diese politische, administrative, ökonomische und auch religiöse Einheit ließ sich allerdings nicht ohne Schwierigkeiten realisieren (Pateau, 1998). Widerstand wurde teilweise mit äußerster Brutalität und sogar Ausweisung ganzer Bevölkerungsgruppen begegnet. Als Beispiel seien in diesem Zusammenhang die protestantischen Hugenotten erwähnt, die nach der Aufhebung des Edikts von Nantes ins Exil gingen. Viele von ihnen waren maßgeblich am Aufbau des preußischen Staates beteiligt.

Natürlich existieren in Frankreich auch Regionalismen und Partikularismen (Pateau, 1999). Insgesamt aber ist in Frankreich durch die starke Homogenisierung in sämtlichen zentralen Bereichen wie Religion, Wirtschaft, Politik sowie Bildung und Sprache ein starker, alle Lebensbereiche durchdringender, einheitlicher gemeinsamer Kontext entstanden. Dieser erleichtert die Kommunikation, da jeder Franzose, ohne dies zu hinterfragen, davon ausgehen kann, dass er ihn mit anderen Franzosen teilt. Aus diesem Grund ist es nicht nur praktisch und angenehm, sondern häufig auch ausreichend, assoziativ mittels Anspielungen, Andeutungen, Chiffren und Abkürzungen zu kommunizieren oder Situationen für sich sprechen zu lassen.

Der Zusammenhang mit der für Frankreich charakteristischen Personenorientierung (siehe Themenbereich 2: Personenorientierung) kann als ein weiterer Einflussfaktor angesehen werden, der zur Herausbildung eines indirekten Kommunikationsstils beigetragen hat. Durch das höfische System prägte sich eine starke Personenorientierung in der französischen Kultur aus, die »ganz durch Gefallen, Ansehen, Gunst und Ehre motiviert war« (Demangeat u. Molz, 2003, S. 46). Die Angst, andere – vor allem hierarchisch Höherstehende – bloßzustellen, zu verärgern oder zu verletzten und damit in deren Gunst zu sinken, führte zur Kultivierung einer diplomatischen Ausdrucksweise. Ausgehend von diesem Hintergrund lässt sich auch das indirekte Äußern von Kritik erklären. Ebenso kann die Bevorzugung eines mündlichen und informellen Informationsaustausches in der französischen Kultur durch den starken Personenbezug begründet werden.

Darüber hinaus beeinflussen auch soziokulturelle Faktoren, die in den Bildungsstrukturen begründet liegen, den Kommunikationsstil in Frankreich. Französische Kinder besuchen von der Vorschule bis zum Abitur eine Ganztagsschule. Somit bleiben sie im Vergleich zu deutschen Schülern lange in der Schule. In der Regel sind ihre besten Freunde Schulkameraden, mit denen sie den größten Teil ihrer Zeit verbringen. Da der mit den Freunden geteilte Kontext sehr stark ist, entwickelt sich leicht ein oft sehr impliziter Kommunikationsstil.

Des Weiteren prägen die Denkarten und akademischen Arbeitsweisen, die die Franzosen im Laufe ihrer Schulzeit und während des Studiums erworben haben, ihr Kommunikationsverhalten. So privilegiert das französische Schulsystem einen eher synthetischen Ansatz und den Ausdruck »persönlicher« Auffassungen in Form der »dissertation« (Davoine, 2002). Die französische »dissertation« stellt eine intellektuelle Leistung hinsichtlich der Strukturierung des Themas und des Aufbaus einer Argumentation dar. Dabei gliedert sich das gedankliche Vorgehen in die Abfolge von These, Antithese und Synthese. Durch die übersichtlich antithetische Gliederung des jeweiligen Problems in zwei oder drei Teile mit einer »conclusion« (Schlussfolgerung), die den Lösungsvorschlag aus dieser Logik der Gegenüberstellung ableitet, erwächst die Kraft der Synthese. Diese spezifische Form der »Logik« findet ihren Ursprung im descartesschen Rationalismus, der durch das französische Ausbildungssystem seit jeher tradiert wird und dieses somit maßgeblich beeinflusst hat. Zudem ist in der Denkphilosophie von Descartes (1596–1650) die »Form« einer spezifischen Sache stets wichtiger als deren »Inhalt«, was sich als Konsequenz in der Ausprägung einer verbalen und impliziten Formulierungskunst ausdrückt. So haben die Franzosen die Kunst perfektioniert, »handfeste Aussagen unverbindlich zu formulieren, aber gleichzeitig ansprechend zu ›verpacken‹« (Erlinghagen, 1996, S. 125).

Plannerer

Themenbereich 2: Personenorientierung

Beispiel 5: Schulung

Situation

Herr Graf arbeitet in Deutschland bei einer Firma, deren Mutterkonzern in Frankreich ansässig ist. Um die Bestandsführung in den verschiedenen Filialen zu verbessern, findet eine Schulung am Hauptsitz in Frankreich statt, an der sowohl französische als auch deutsche Mitarbeiter teilnehmen. Nach einem arbeitsreichen Vormittag wird zusammen zu Mittag gegessen. Zu Beginn des Mittagessens wird zuerst ein Aperitif serviert und bis die Vorspeise kommt, vergeht eine geraume Zeit. Herr Graf und seine deutschen Kollegen werden etwas unruhig. Sie weisen ihre französischen Kollegen darauf hin, dass man nun schon eine halbe Stunde nur wegen der Vorspeise verloren hat. Da verschiedene Gänge serviert werden, zieht sich das Essen weiter in die Länge. Die deutschen Kollegen fragen immer wieder nach, wann man denn endlich zu einem Ende kommt. Als man nach zwei Stunden mit dem mehrgängigen Mittagessen fertig ist, sind Herr Graf und seine deutschen Kollegen sehr verärgert, weil sie doch wegen der Schulung hierher gekommen sind und nicht, um stundenlang ihre Zeit mit Essen zu verschwenden.

Können Sie erklären, warum die französischen Mitarbeiter ihre deutschen Kollegen zu einem mehrgängigen Mittagessen mitnehmen?

- Lesen Sie nun die Antwortalternativen nacheinander durch.
- Bestimmen Sie den Erklärungswert jeder Antwortalternative

für die gegebene Situation und kreuzen Sie ihn auf der darunter befindlichen Skala an. Es ist möglich, dass mehrere Antwortalternativen den gleichen Erklärungswert besitzen.

Deutungen

a) Schulungen mit ausländischen, hier deutschen Teilnehmern sind schon allein der Sprache wegen besonders anstrengend und so wird jede Gelegenheit genutzt, sie zu verkürzen.

sehr zutreffend	eher zutreffend	eher nicht zutreffend	nicht zutreffend

b) Die französischen Mitarbeiter nutzen die Gelegenheit, in entspannter Atmosphäre beim Essen ihre deutschen Kollegen etwas näher kennen zu lernen.

sehr zutreffend	eher zutreffend	eher nicht zutreffend	nicht zutreffend

c) Schulungen gelten in Frankreich als Urlaub. Man erholt sich vom Arbeitsstress, trifft Bekannte und dehnt das Mittagessen aus.

sehr zutreffend	eher zutreffend	eher nicht zutreffend	nicht zutreffend

d) Die französischen Mitarbeiter bei dieser Schulung können sich selbst ein so teures Essen nie leisten und nutzen das natürlich aus.

sehr zutreffend	eher zutreffend	eher nicht zutreffend	nicht zutreffend

- Versuchen Sie, Ihre Einstufung jeder Antwortalternative zu begründen. Halten Sie die Begründung in schriftlicher Form stichpunktartig fest.
- Lesen Sie nun die Erläuterungen zu jeder Antwortalternative durch und vergleichen Sie diese mit Ihren eigenen Begründungen.

Bedeutungen

Erläuterung zu a):
Wenn deutsche und französische Teilnehmer gemeinsam geschult werden, dann dient das – wie hier auch – der Verbesserung der Kooperation am Arbeitsplatz. Die Teilnehmer, so ist anzunehmen, kennen sich von der Arbeit her und Sprachprobleme sollten hier keine Rolle mehr spielen.

Erläuterung zu b):
Franzosen sind der Meinung, dass ein ausgedehntes und exzellentes Essen eine ideale Möglichkeit bietet, um sich kennen zu lernen. In der beschriebenen Situation ist den französischen Teilnehmern das Kennenlernen besonders wichtig, weil an der Schulung französische und deutsche Mitarbeiter teilnehmen. Da die Schulung nicht in Deutschland, sondern in Frankreich stattfindet, ist es für die französischen Teilnehmer selbstverständlich, gemeinsam zum Mittagessen zu gehen, sich von der besten Seite zu zeigen und entsprechend ihre deutschen Gäste mit einem wunderbaren Mehr-Gänge-Menü zu verwöhnen. Gleichzeitig nutzen sie die Gelegenheit, in dieser entspannten Atmosphäre mehr über ihre Kollegen zu erfahren.

Erläuterung zu c):
Schulungen, wie hier zur Verbesserung der Bestandsführung im Unternehmen, werden auch in Frankreich ernst genommen. Dies zeigt schon die Bemerkung, dass die Teilnehmer einen arbeitsreichen Vormittag hinter sich haben. Von Urlaubsstimmung kann hier sicher keine Rede sein.

Erläuterung zu d):
Aus der Situation ist nicht zu ersehen, ob die Seminarteilnehmer sich ein solches Essen leisten können oder nicht. Zur Diskussion steht allein die Dauer des Essens, die wohl mehr oder weniger vom Restaurantbetrieb bestimmt wird. Eine andere Deutung wird zufrieden stellender sein.

Lösungsstrategie

Die Erwartung von Herrn Graf und seinen deutschen Kollegen bezüglich ihrer Reise nach Frankreich ist klar und eindeutig: Am Hauptsitz in Frankreich findet eine Schulung statt. Sie fahren also zur Schulung nach Frankreich und nicht, um dort ausgiebig Mittag zu essen und die französischen Kollegen kennen zu lernen. Die Schulungszeit wird von ihnen als Arbeitszeit angesehen und es muss während des Aufenthaltes in Frankreich genauso intensiv, konzentriert und anstrengend gearbeitet werden wie an ihrem Arbeitsplatz in Deutschland.

Für die französischen Teilnehmer an der Schulung ist dies eine gute Gelegenheit, mit französischen und deutschen Arbeitskollegen in einer angenehmen Atmosphäre zusammenzukommen, sich kennen zu lernen und sich auszutauschen. Die fachliche Schulung ist ihnen zwar genauso wichtig wie den Deutschen, aber ein gemeinsames Mittagessen in einem exzellenten Restaurant mit einer exzellenten Küche und mit ausgiebig Zeit zur Kontaktpflege gehört einfach mit dazu. Die Franzosen fühlen sich hier einerseits als Gastgeber gegenüber den angereisten deutschen Kollegen aus ihrem deutschen Tochterunternehmen, und andererseits ist es für die französischen Mitarbeiter eine Auszeichnung, gleichsam eine Art von Belohnung für gute Arbeit.

In einer solch entspannten Atmosphäre, garniert mit französischen Rotweinen, lernen die Schulungsteilnehmer sich persönlich näher kennen, können Kontakte knüpfen, die womöglich später einmal im Zusammenhang mit der Lösung von arbeitsbezogenen Problemen nützlich sein können. Hat man ein Problem zu lösen, so kann man, ohne den offiziellen Weg zu beschreiten, einfach mal bei dem deutschen Kollegen, den man während des Essens näher kennen gelernt hat, anrufen und nach Lösungsvorschlägen fragen. So lässt sich aus französischer Sicht das zweistündige Mittagessen einerseits nutzen, um die Arbeitseffizienz zu erhöhen, und andererseits ist es eine Gelegenheit, andere Menschen kennen zu lernen, mit ihnen etwas vertrauter zu werden und eine persönliche Beziehung aufzubauen.

Herrn Graf und seinen deutschen Kollegen ist dringend zu raten, auf diese französische Art der zwischenmenschlichen Begegnung am Arbeitsplatz und die damit zusammenhängende Betonung persönlicher Beziehungspflege einzugehen. Nur so werden sie in den Augen der französischen Kollegen zu anerkannten Gesprächs- und Kooperationspartnern, mit denen sich gut zusammenarbeiten lässt. Herr Graf und seine Kollegen können auf diese Weise lernen, dass es für Menschen aus anderen Kulturen an einem solchen Tag nicht nur wichtig ist, eine sachgerechte Schulung auf hohem Leistungsniveau durchzuführen, sondern dabei auch die Beziehungspflege nicht zu kurz kommen zu lassen. Deutsche Firmenmitarbeiter, denen es gelingt, im Frankreichgeschäft ihre effektive Sachorientiertheit einzubringen und zugleich der notwendigen Beziehungspflege und der Schaffung einer angenehmen, persönlichen Arbeitsatmosphäre Raum zu geben, zeigen, dass sie über interkulturelle Kompetenz verfügen und werden als kompetente und vertrauenswürdige Führungskräfte und Kollegen anerkannt und geschätzt.

Beispiel 6: Teambesprechungen

Situation

Herr Schenk ist seit einigen Monaten als Testingenieur bei einem international führenden Halbleiterhersteller in Paris tätig, wo er in zwei unterschiedlichen Arbeitsgruppen mitarbeitet. Die eine Gruppe ist Herrn Laurent unterstellt, einem französischen Mitarbeiter, der schon seit langem in der Firma arbeitet; Herr Schulz aus Deutschland, der erst vor kurzem den Posten übernommen hat, leitet die andere Gruppe. Es stand nun an, in beiden Gruppen eine kürzlich erfolgte, firmeninterne Mitarbeiterumfrage auszuwerten. In dem dafür angesetzten Meeting fordert Herr Schulz sein Team auf, ihre Vorschläge und auch ihre Kritikpunkte anzubringen. Doch die ganze Gruppe ist still bis auf Herrn Schenk, der mit seinem Chef dann quasi in einem Zwiegespräch die Auswertung vornimmt. Bei der Gruppe von Herrn Laurent, die zum größten Teil aus denselben Mitarbeitern besteht, kommt es jedoch bei der Besprechung der Auswertung zu einer sehr angeregten und intensiven Diskussion aller Beteiligten. Herr Schenk ist über die Zurückhaltung und Passivität seiner französischen Kollegen bei der von Herrn Schulz geleiteten Diskussion sehr erstaunt.

Warum verhalten sich die französischen Mitarbeiter so unterschiedlich?

- Lesen Sie nun die Antwortalternativen nacheinander durch.
- Bestimmen Sie den Erklärungswert jeder Antwortalternative für die gegebene Situation und kreuzen Sie ihn auf der darunter befindlichen Skala an. Es ist möglich, dass mehrere Antwortalternativen den gleichen Erklärungswert besitzen.

Deutungen

a) Es geht bei dem Treffen um die Resultate einer Mitarbeiterbefragung, an der wohl nur französische Mitarbeiter beteiligt waren, und deshalb sollte die Gruppe auch von einem Franzosen geleitet werden. Die französischen Gruppenmitglieder fühlen sich von Herrn Schulz nicht angesprochen.

sehr zutreffend | eher zutreffend | eher nicht zutreffend | nicht zutreffend

b) Die französischen Mitarbeiter haben etwas dagegen, dass sie unter Leitung eines Deutschen diskutieren sollen. Das geht gegen ihre Ehre als Franzosen.

sehr zutreffend | eher zutreffend | eher nicht zutreffend | nicht zutreffend

c) Die französischen Mitarbeiter kennen Herrn Schulz kaum, sind deswegen vorsichtig und halten sich bei der Besprechung der Resultate der Mitarbeiterbefragung zurück.

sehr zutreffend | eher zutreffend | eher nicht zutreffend | nicht zutreffend

d) Wer erst so kurz in Frankreich ist wie Herr Schulz, wird nicht als kompetent angesehen, ausgerechnet die Diskussion der Resultate einer Mitarbeiterbefragung unter den französischen Mitarbeitern zu leiten. Die Gruppenteilnehmer mauern.

sehr zutreffend — eher zutreffend — eher nicht zutreffend — nicht zutreffend

- Versuchen Sie, Ihre Einstufung jeder Antwortalternative zu begründen. Halten Sie die Begründung in schriftlicher Form stichpunktartig fest.
- Lesen Sie nun die Erläuterungen zu jeder Antwortalternative durch und vergleichen Sie diese mit Ihren eigenen Begründungen.

Bedeutungen

Erläuterung zu a):
Tatsächlich sind Mitarbeiterbefragungen nicht unproblematisch, da sie das Tor für Kritik und das Aufdecken von Missständen öffnen sollen. Das Für und Wider der Resultate zu diskutieren und über Lösungsmöglichkeiten nachzudenken und zwar zum Wohle aller, dient sowohl der Verbesserung des Betriebsklimas als auch der Steigerung der Arbeitseffizienz. Alles dies dient übergeordneten Interessen und sollte frei von nationalen Gruppenbildungen sein.

Erläuterung zu b):
Franzosen sind stolz auf ihre Nation und Kultur. Zudem fühlen sich besonders gut ausgebildete und karriereorientierte Mitarbeiter oftmals ausländischen Kollegen und Vorgesetzten überlegen. Hier handelt es sich aber um eine gemeinsame Diskussion von Mitarbeiterbefragungsergebnissen, an der alle Firmenmitarbeiter unabhängig von ihrer nationalen Herkunft Interesse haben. Eine andere Deutung wird zutreffender sein.

Erläuterung zu c):
Herr Schulz hat es offensichtlich versäumt, sich seinen französischen Mitarbeitern in einer ihnen adäquaten Weise bekannt zu machen. Sie haben noch kein Vertrauen zu ihm aufbauen können. Sie wissen zu wenig von ihm, von seinen Stärken und Schwächen und wie weit sie bei ihm zum Beispiel mit Kritik und Verbesserungsvorschlägen gehen können. Gerade die Ergebnisse ei-

ner Mitarbeiterumfrage und deren Auswertung ist ein so schwieriges und auch heikles Thema, dass eine Bearbeitung nur in miteinander vertrauten Teams möglich ist. Hier hat Herr Laurent nicht nur aufgrund seines »Heimvorteils« eine günstigere Position, sondern auch, weil er schon lange im Unternehmen tätig ist und deshalb viele Mitarbeiter persönlich kennt.

Erläuterung zu d):
Missverständnisse zu benennen, aufzudecken und zu diskutieren, hat auch immer einen evaluativen Aspekt. Von daher wäre es verständlich, dass die französischen Gruppenteilnehmer Herrn Schulz als Gruppenleiter nicht anerkennen, zumal er noch neu ist. Andererseits hat Herr Schulz die Aufgabe, die Gruppendiskussion zu leiten respektive zu moderieren. Die fachlichen und auch die auf die Mitarbeiterbefragung bezogenen Argumente sollten nicht von ihm, sondern von den Teilnehmern kommen. Diese Deutung ist nicht so recht überzeugend.

Lösungsstrategie

Herr Schulz kommt aus Deutschland, ist nun in einem Werk in Paris tätig und hat den Posten des Gruppenleiters erst vor kurzem angetreten. Es ist zu erwarten, dass er sich den Gruppenmitgliedern persönlich vorgestellt hat, indem er seinen Namen, etwas über seine Herkunft und seine bisherige Betriebszugehörigkeit mitgeteilt hat. Es ist auch zu erwarten, dass er mit den einzelnen Gruppenmitgliedern schon Gespräche über Arbeitsaufgaben und deren Erledigung geführt hat, möglicherweise hat es auch schon unter seiner Leitung eine Reihe von Gruppensitzungen gegeben, in denen über betriebsbedingte Aufgabenstellungen gesprochen und diskutiert wurde. Dies alles hat aber mit Sicherheit nicht ausgereicht, um zwischen ihm und seinen Mitarbeitern ein Vertrauensverhältnis aufzubauen, das es erlaubt, über die Ergebnisse einer firmeninternen Mitarbeiterumfrage und deren Auswertung zu diskutieren. Herr Schulz hat es womöglich gar nicht für nötig gehalten, seine Mitarbeiter in einem informellen Rahmen, zum Beispiel während eines ausgedehnten Mittagessens, persönlich kennen zu lernen und ihnen die Gelegenheit zu geben, auch mehr über ihn und seine Person zu erfahren.

Auch der in der Gruppe anwesende deutsche Testingenieur Herr Schenk ist erst seit einigen Monaten in dem Unternehmen in Paris tätig und somit den französischen Gruppenmitgliedern vermutlich noch höchstens vom Namen her bekannt, aber sonst ein Fremder. Es ist also nicht verwunderlich, dass in einer französischen Arbeitsgruppe mit zwei relativ unbekannten deutschen Kollegen, einer davon sogar der Gruppenleiter, keine gesprächsfreudige Atmosphäre aufkommen kann und Herr Schenk und Herr Schulz quasi die Auswertung untereinander vornehmen. Die französischen Mitarbeiter hatten viel zu wenig Gelegenheit, beide Deutschen so gut kennen zu lernen, dass es ihnen möglich war, sich überhaupt in der Gruppensitzung zu äußern, und das noch in Bezug auf ein so heikles Thema wie Ergebnisse einer firmeninternen Mitarbeiterumfrage. Diese Gruppensitzung hat die französischen Teilnehmer vor den Kopf gestoßen und quasi ausgegrenzt. Sie konnten und wollten sich vor ihnen unbekannten Personen nicht äußern. Zudem haben Herr Schenk und Herr Schulz, obwohl sie erst seit kurzem vor Ort tätig sind, gewissermaßen im Alleingang ohne Beteiligung der Gruppe die Auswertung vorgenommen.

Nach dieser Sitzung wird es für Herrn Schulz noch schwerer sein als vorher, das Vertrauen seiner Gruppenmitglieder zu gewinnen. Er tut gut daran, zu versuchen, mit Herrn Laurent ein so vertrauensvolles Verhältnis aufzubauen, dass er über diese Situation mit ihm sprechen kann und sich von ihm beraten lässt, was er nun tun kann, um in Bezug auf den Aufbau eines Vertrauensverhältnisses das nachzuholen, was vorher versäumt wurde, und zugleich die bei dem Gruppenmeeting aufgebauten Spannungen abzubauen. In der nächsten Zeit wird er sicherlich viel Kraft investieren müssen, um vorhandenes Misstrauen in der Arbeitsgruppe abzubauen, eine gesicherte Vertrauensbasis herzustellen und damit die Arbeitsgruppe zu stärken, um mit ihr zusammen die anstehenden Probleme anzugehen.

Beispiel 7: Assessment Center

Situation

Herr Götz ist in Frankreich Standortleiter des Hauptsitzes einer großen, internationalen Autovermietung. Vor kurzem wurden Assessment Center (AC) durchgeführt, um neue Abteilungsleiter zu benennen. In einem der simulierten Mitarbeitergespräche ging es um folgende Situation: Eine Mitarbeiterin hat zwei Kleinkinder, wobei eines schwer erkrankt im Krankenhaus liegt. Beide Elternteile sind berufstätig und haben in der Region keinerlei Verwandte. Der Chef – jeweils gespielt von den Teilnehmern – kennt diesen Hintergrund nicht und ihm wird nur gesagt, dass die Mitarbeiterin eigentlich exzellent sei, aber in letzter Zeit unentschuldigt in Meetings fehle. Außerdem streite sie mit Kollegen und ihre Arbeitsqualität sei erheblich gesunken. Gleichzeitig steht ein großes Projekt an, bei dem diese Mitarbeiterin eigentlich die geeignete Kandidatin für die Projektleitung wäre. In der Simulation kommen die meisten Teilnehmer recht schnell darauf, dass es sich bei der Mitarbeiterin um persönliche Probleme handelt. Fast ausschließlich reagieren die Kandidaten in der Chefrolle dann wie folgt: »O.k., nehme ich zur Kenntnis. Und ich hoffe, dass Sie dies für sich regeln können. Das wäre alles.« Herr Götz ist entsetzt, dass kaum einer der französischen Kollegen nachfragt, um welche Problematik es sich bei der Mitarbeiterin denn genau handelt, um Möglichkeiten zu überlegen, wie man ihr helfen kann.

Warum fragen die französischen Kollegen nicht genauer nach der Problematik der Mitarbeiterin nach?

- Lesen Sie nun die Antwortalternativen nacheinander durch.
- Bestimmen Sie den Erklärungswert jeder Antwortalternative für die gegebene Situation und kreuzen Sie ihn auf der darunter befindlichen Skala an. Es ist möglich, dass mehrere Antwortalternativen den gleichen Erklärungswert besitzen.

Deutungen

a) In Frankreich sind Assessment Center unbekannt. Die Assessment-Center-Teilnehmer sind überfordert und reagieren entsprechend oberflächlich.

sehr zutreffend	eher zutreffend	eher nicht zutreffend	nicht zutreffend

b) In Frankreich wird die Eigenverantwortlichkeit betont. Jeder ist nur für sich selbst verantwortlich.

sehr zutreffend	eher zutreffend	eher nicht zutreffend	nicht zutreffend

c) Da es sich um ein Auswahl-AC handelt, sollte Herr Götz nicht überrascht sein, sondern sich bewusst sein, dass die AC-Teilnehmer für die Übernahme von Abteilungsleiterposten ungeeignet sind.

sehr zutreffend	eher zutreffend	eher nicht zutreffend	nicht zutreffend

d) In Frankreich gibt es eine starke Trennung zwischen dienstlichen und persönlichen Belangen. Im Arbeitsleben ist es nicht üblich, sich in die persönlichen Belange von Kollegen und Mitarbeitern einzumischen oder bei privat verursachten Problemen Verantwortung zu übernehmen.

sehr zutreffend	eher zutreffend	eher nicht zutreffend	nicht zutreffend

- Versuchen Sie, Ihre Einstufung jeder Antwortalternative zu begründen. Halten Sie die Begründung in schriftlicher Form stichpunktartig fest.
- Lesen Sie nun die Erläuterungen zu jeder Antwortalternative durch und vergleichen Sie diese mit Ihren eigenen Begründungen.

Bedeutungen

Erläuterung zu a):
AC-Verfahren sind auch in Frankreich sehr gut bekannt und eingeführt, da sie bereits seit langem zum internationalen Standard der Personalbeurteilung gehören. Es ist nicht anzunehmen, dass französische Bewerber auf Geschäftsführerposten nicht wissen, wie AC-Übungen ablaufen, und von den zu erbringenden Leistungen grundsätzlich überfordert sind.

Erläuterung zu b):
Frankreich ist ein vom Christentum, vom Katholizismus geprägtes Land. Eigenverantwortlichkeit spielt zwar eine wichtige Rolle, damit ist aber nicht erklärt, warum die französischen Teilnehmer im AC auf die persönlichen Probleme der Mitarbeiterin so nüchtern und eher abweisend reagieren. Sie hätten sich ja auch Gedanken machen können, wie man sie bei der Wahrnehmung ihrer Eigenverantwortung unterstützen kann.

Erläuterung zu c):
Tatsächlich ist nicht auszuschließen, dass es sich hier nicht nur um eine kulturspezifisch bedingte kritische Interaktionssituation handelt, sondern personenspezifische Defizite eine Rolle spielen. Erstaunlich ist aber doch, dass niemand der AC-Teilnehmer eine Problemanalyse mit Möglichkeiten der individuellen Unterstützung vorschlägt. Eine andere Deutung wird deshalb zutreffender sein.

Erläuterung zu d):
In der französischen Arbeitswelt wird einerseits viel Wert auf einen intensiven, persönlichen Austausch gelegt, um eine gute Beziehung zu den Kollegen aufzubauen. Andererseits wird in Gesprächen mit anderen darauf geachtet, nie zu persönlich zu werden – zum Schutz des eigenen Privatlebens. Da in Frankreich bereits ein Nachfragen zur Privatsphäre als indiskret empfunden wird, vermeiden dies die französischen Mitarbeiter in der AC-Übung und überlassen es der Betroffenen selbst, ihre private Angelegenheit zu lösen.

Lösungsstrategie

Das geschilderte Übungsbeispiel in diesem AC enthält zweifelsohne eine für jeden Chef schwierige Konfliktsituation. Einerseits handelt es sich um eine hoch qualifizierte Mitarbeiterin, die wohl als die bestgeeignete Kandidatin für die Übernahme eines Projekts in Frage kommt, andererseits hat aber genau diese Mitarbeiterin persönliche Probleme, Beruf und Familie miteinander in Einklang zu bringen. Für Herrn Götz ist klar, dass ein qualifizierter Chef in einer solchen Situation mit der Mitarbeiterin ein Gespräch über ihre persönliche Lebenssituation führt, um herauszufinden, wie er oder das Unternehmen sie so unterstützen können, dass sich das Dilemma auflösen lässt. Auf diesem Hintergrund sind die Antworten der AC-Teilnehmer, die problematische Situation einfach nur zur Kenntnis zu nehmen, zwar ein gewisses aber nicht sehr tiefgehendes Verständnis für die familiäre Situation zu signalisieren und es dabei zu belassen, nicht nachvollziehbar. Er würde dieses Verhalten wohl auch nicht als positives Führungsverhalten werten.

Das Problem liegt nicht darin, dass die französischen AC-Teilnehmer kaltherzig wären und nicht bereit sind, sich als zukünftige Chefs Gedanken um mögliche Unterstützungsmaßnahmen für diese qualifizierte Mitarbeiterin zu machen. In Frankreich ist es aber unüblich und auch gewissermaßen unschicklich, sich in die Privatsphäre anderer Personen und auf jeden Fall von Mitarbeitern einzumischen. Ein direktes Nachfragen nach den privaten familiären Verhältnissen gilt als Indiskretion. In Frankreich geht man davon aus, dass die Menschen ihre persönlichen Probleme selbstständig lösen; wer diese aber nicht lösen kann, soll natürlich auch Hilfe und Unterstützung erhalten, was aber nicht unbedingt bedeutet, ohne Erlaubnis durch Nachfragen in die Privatsphäre einzudringen. Ein Eindringen in den engeren Bereich der Persönlichkeit, die Privatsphäre und die Familie ist nur Verwandten oder ganz engen Freunden erlaubt, nicht aber Vorgesetzten am Arbeitsplatz.

Es ist durchaus möglich, dass die französischen AC-Teilnehmer, die zunächst einmal so nüchtern reagieren und offensichtlich das Nachfragen, um welche Probleme es sich bei der Mitarbeiterin handelt, verwerfen, durchaus Mittel und Wege kennen und auch verfügbar haben, an die Informationen heranzukommen, die sie brauchen, um Möglichkeiten zu erkunden, der Mitarbeiterin zu helfen. Es gibt eine recht bekannte Kulturdefinition, die lautet: »Kulturen schaffen Handlungsmöglichkeiten und Handlungsanregungen, setzen aber auch Handlungsbedingungen und Handlungsgrenzen.« Dies ist ein Beispiel dafür, wie die französische Kultur in Bezug auf das Erfragen persönlicher Lebensumstände und Bedingungen eine Handlungsgrenze setzt, die nicht verletzt werden darf.

Für Herrn Götz bietet dieses Beispiel eine gute Möglichkeit, durch genaue Verhaltensbeobachtungen seiner betrieblichen Umgebung zu erkunden, wo diese Grenzen beginnen, wie sie gewahrt werden und wie französische Chefs doch Mittel und Wege finden, für die Lösung ähnlicher Mitarbeiterprobleme die erforderlichen Informationen zu gewinnen.

Hintergrundinformationen zu »Personenorientierung«

In eher personenorientierten Kulturen – wie der französischen – liegt in sozialen Situationen die Betonung auf der Personen- oder Beziehungsebene, das heißt Informationen, die über Art und Qualität der Beziehung zu den Interaktionspartnern Aufschluss geben, werden aus dem Kontext und den nonverbalen Signalen erschlossen und besonders beachtet. Dem Aufbau von persönlichen Vertrauensverhältnissen sowie der Pflege sozialer Kontakte kommt im französischen Arbeitsleben enorme Bedeutung zu.

»Complicité« als Basis für Zusammenarbeit und Geschäftsbeziehungen

Im Umgang und Kontakt mit französischen Kollegen (und Vorgesetzten) spielt die Herstellung und Pflege einer persönlichen Vertrauensbasis eine zentrale Rolle. Während es für einen Deutschen wichtiger ist, den Eindruck zu haben, dass »alle Fakten offen auf dem Tisch liegen«, um so möglichst schnell »zur Sache« kommen zu können, beruht das Vertrauen auf französischer Seite eher auf emotionaler Ebene. Dies wird unter anderem durch ausgedehnte Smalltalks, niveauvolles Scherzen sowie kontinuierlichen Einsatz kleiner nonverbaler Signale zum Ausdruck gebracht. Einen weiteren wichtigen Bestandteil dieses personenorientierten Umgangs miteinander stellt der obligatorische Händedruck dar. Zur Begrüßung und zum Abschied geben sich französische Mitarbeiter stets die Hand, wobei gleichzeitig mit dem Händeschütteln ein »Bonjour/Au revoir, Monsieur« erfolgt. Auch Vorgesetzte begrüßen ihre Mitarbeiter nahezu jeden Morgen per Handschlag und nutzen oftmals die Gelegenheit zu einem kurzen Gespräch. Hierbei werden zwar auch geschäftliche Angelegenheiten wie aktuelle Projekte oder anstehende Termine angesprochen, aber zumeist geht es eher um allgemeine Themen wie Essen, Sport oder Kultur. Auf diese Weise werden persönliche Kontakte gepflegt mit dem Ziel, ein gemeinsames Vertrauensverhältnis zu entwickeln.

Ebenso genießen in Frankreich das gemeinsame Mittagessen mit Kollegen sowie Geschäftsessen einen hohen Stellenwert. Hierfür nimmt man sich üblicherweise viel Zeit. Denn hier besteht die Möglichkeit, sich in angenehmer Atmosphäre zu unterhalten sowie persönliche Kontakte zu knüpfen beziehungsweise zu vertiefen. Dabei wird weniger über Privatangelegenheiten, sondern hauptsächlich über Themen wie Kino, Reisen, Essen und Trinken oder Ähnliches gesprochen. Auch bei Geschäftsessen empfinden es Franzosen als angenehm, sich zunächst über allgemeine Dinge zu unterhalten. Auf diese Weise lernt man den Geschäftspartner besser kennen, was für die französische Seite von zentraler Bedeutung ist. Über Geschäftliches wird gewöhnlich erst gegen Ende »entre la poire et le fromage«, also nach dem Obst und vor dem Käse, jedoch niemals zu Beginn der Mahlzeit gesprochen. Geschäftsessen sind daher in Frankreich nicht nur Ausdruck der Wertschätzung gegenüber dem Verhandlungspartner, sondern entscheiden oftmals über den weiteren Verlauf der Gespräche.

Dieser personenorientierte und emotionale Umgang miteinander dient dazu, untereinander »complicité«, die sich etwa als »augenzwinkernde Verbundenheit« umschreiben lässt, herzustellen. Diese Verbundenheit und der persönliche Kontakt ermöglichen es, eine Vertrauensbasis zu den Kollegen (Vorgesetzten und Geschäftspartnern) aufzubauen. Gute und vertrauensvolle Beziehungen stellen im französischen Arbeitskontext die Basis und Grundvoraussetzung dar, um in einer angenehmen Arbeitsatmosphäre produktiv und erfolgreich zusammenarbeiten zu können.

Des Weiteren werden, wie im vorigen Kapitel beschrieben, Informationen vielfach auf persönlichem und informellem Wege ausgetauscht. Um im Informationsfluss eingebunden zu sein, ist es daher wichtig, die persönlichen Kontakte zu pflegen und sich ein gutes Beziehungsnetzwerk nicht nur innerhalb der eigenen Abteilung, sondern auch inner- und außerhalb des Unternehmens aufzubauen. Denn über ein derartiges informelles Informationsnetzwerk bleibt man ständig auf dem Laufenden und erhält schnell die benötigten Informationen. Entsprechend ist der Arbeitsalltag in Frankreich durch einen intensiven persönlichen Austausch geprägt, der sich häufig ungeplant und »einfach so« ergibt. Allerdings ist allgemein zu beachten, dass man in Gesprächen (mit Kollegen, Vorgesetzten und Geschäftspartnern) nie zu persönlich wird und bereits Nachfragen zur Privatsphäre als indiskret empfunden werden. So wird beispielsweise in Frankreich eher zum Namenstag gratuliert und weniger zum Geburtstag, damit man seinen Arbeitskollegen nicht das eigene Geburtsdatum bekannt geben muss. Seine Privatsphäre zu schützen, ist für Franzosen eine Grundregel, die auch gegenseitig akzeptiert wird.

Vorrang von Person und Beziehung vor Aufgabenerledigung

Ein weiterer wichtiger Aspekt betrifft die Orientierung bei der Aufgabenbewältigung. Im Rahmen des eben beschriebenen starken informellen Austausches, der mit den Arbeitskollegen, Vorgesetzten sowie persönlichen oder über das Netzwerk vermittelten Bekannten unterhalten wird, werden immer wieder Themen angesprochen, die scheinbar nicht in Zusammenhang mit der Arbeitsaufgabe stehen. Dies erklärt sich allerdings dadurch, dass in Frankreich »die wahrgenommene Aufgabe eigentlich immer primär darin besteht, eine Person zufrieden zu stellen« (Demangeat

u. Molz, 2003, S. 31). Somit ist es notwendig, diese Person nicht nur hinsichtlich ihrer arbeitsbezogenen Einstellungen, sondern auch bezüglich aller ihrer sonstigen Motive, Anschauungen und Überzeugungen kennen zu lernen. Diese Ausrichtung des Verhaltens wird auch als personenorientierte Rationalität bezeichnet (Elias, 1969). Hierbei steht die Bewältigung der sozialen Welt im Vordergrund, während die Erledigung bestimmter Aufgaben dem untergeordnet ist. Dies zeigt sich im französischen Arbeitsalltag zum Beispiel darin, dass Arbeiten sogar kurz vor ihrer Fertigstellung ohne Probleme unterbrochen oder ganz aufgegeben werden, wenn es nicht mehr nötig ist, die andere Person zufrieden zu stellen. Zusammenfassend lässt sich festhalten, dass die besondere Bedeutsamkeit gegenseitiger informeller Verpflichtungen und Gefälligkeiten in weit reichenden, organisationsübergreifenden Beziehungsnetzwerken kennzeichnend ist für eine in Frankreich ausgeprägte, personenbezogene Rationalität.

Kulturelle Verankerung von »Personenorientierung«

Im Zusammenhang mit diesem Kulturstandard kommt dem Verständnis des höfischen Systems eine Schlüsselrolle zu. Innerhalb der europäischen Geschichte lassen sich vier grundlegende Gesellschaftsformationen unterscheiden: Stammesgesellschaften, royalistisch-imperialistische Reiche, bürgerlich-wirtschaftsorientierte Nationalstaaten und die aktuell im Entstehen begriffene weltweite Wissensgesellschaft. In Frankreich dauerte die royalistisch-imperialistische Epoche ausgesprochen lange an und prägte die französische Kultur nachhaltig (Demorgon, 1996). Im Folgenden wird erläutert, welche Einstellungen und Haltungen für die höfische Gesellschaft charakteristisch waren und wie sie auf die französische Gesellschaft bis in die heutige Zeit Einfluss ausgeübt haben.

Bereits im Mittelalter beginnend verlor der Adel während des Ancien Régime immer mehr seine Vormachtstellung in der Politik und unter Ludwig XIV. setzte sich der Zentralstaat im Kampf um die Macht endgültig durch. Die Aristokratie wurde sämtlicher weltlicher Bedeutung beraubt, lediglich die Privilegien am königlichen Hof blieben ihr erhalten. Zudem gelang es Ludwig XIV., die adeligen und bürgerlichen Kräfte gegeneinander auszuspielen und dadurch die Position des Königtums zu stärken. Dies funktionierte insbesondere durch eine seit dem Mittelalter gängige Praxis: die Aufnahme bürgerlicher Eliten in den Adelsstand durch Ämterkauf. Durch diese soziale Gleichstellung wurde ein Gegenpol zum Geburtsadel geschaffen und die französische Gesellschaft des 17. Jahrhunderts wird so zu einer höfischen Gesellschaft.

Die eigene Existenz in sozialer, aber auch wirtschaftlicher Hinsicht war am französischen Königshof vollständig von der Gunst des Königs und seiner Entourage abhängig. Das komplexe System am Hofe wurde durch zwei Mechanismen aufrechterhalten. Zum einen verteilte der König seine Aufmerksamkeit und seine Ressourcen strategisch so, dass sich die einzelnen Personen und Interessensgruppen untereinander in Schach hielten und sich kein Konkurrent sowie keine Gegenmacht herausbilden konnte. Zum anderen wurde durch das Ordnungssystem der Etikette, ein »Derivat hoch formalisierter, starr verbindlicher und hierarchischer Vorschriften, Regeln und Privilegien« (Ammon, 1994, S. 53) geschaffen, das die gesellschaftliche Stellung der Individuen und Gruppen genauestens definierte. So hatte jeder Höfling zu jedem Zeitpunkt einen bestimmten Rang unterhalb des Königs inne, der jedoch durch die Schwankungen in der Gunst nie sicher war. Sobald eine Person in der Gunst fiel, stieg notwendigerweise eine andere Person auf. Soziale Existenz und personale Identität waren unmittelbar an die gesellschaftliche Position gekoppelt, wobei die strikt festgelegte Etikette als Instrument für diese soziale Kontrolle und Differenzierung diente und somit stabilisierend auf die hierarchische Ordnung wirkte. Jedes geringfügige Abweichen von der Etikette konnte nachhaltige Konsequenzen für die eigene Existenz nach sich ziehen, weswegen ständig auf jede kleinste Geste geachtet wurde. Da einfach alles Gunstbeweis oder Gunstentzug bedeuten konnte, stand jede Person praktisch ständig – ohne Möglichkeit privaten Rückzugs – unter der Beobachtung der anderen.

Die Etikette regelte bis ins Detail zwischenmenschliches Verhalten, wobei diese strikten Vorschriften darauf abzielten, Selbstkontrolle, Voraussicht, sittlichen Umgang sowie berechenbares, rationales Handeln zu fördern. Diese durch die strenge gesellschaftliche Organisation des Hofes auferlegten Verhaltenszwänge wurden während des anhaltenden Verhofungsprozesses von den Individuen internalisiert und es entstand die Idealvorstellung des »honnête homme«(»anständiger, ehrenhafter Mensch«).

Das gesellschaftliche Idealbild des »honnête homme« ist gekennzeichnet »durch Affektverzicht, taktische Verstellung und Repräsentation. Er strebt nach Rationalität in seinem Handeln und steht damit auf dem Boden des Cartesianismus« (Ammon, 1994, S. 54).

Da der descartessche Rationalismus die Etikette und die höfische Gesellschaft nachhaltig beeinflusste, wird er an dieser Stelle etwas näher beschrieben. Im Frankreich des 17. Jahrhunderts erfuhr das logische Denken insbesondere durch den »Discours de la méthode« von Descartes (1596–1650) einen rasanten Aufschwung. Seiner Ansicht nach soll die gesamte Welt nur aus der Ratio, aus dem Verstand, ohne Rückgriff auf Erfahrungen und ohne Beobachtung der Natur mit rein deduktiven Methoden wie in der Mathematik erschlossen werden. Der denkende Mensch kann sich ganz auf seine »raison« verlassen und mit Hilfe geometrisch-mathematischer Modelle deduktiv zur Wahrheit gelangen. Die Grundlage der descartesschen Erkenntnis bilden somit der menschliche Geist und die Wahrheitsfindung durch allgemein gültige Prinzipien der »raison« mittels Intuition. Descartes meint mit Intuition aber nicht ein Urteil basierend auf dem sinnlichen Eindruck, sondern ein Verstehen mit axiomatischer Gewissheit.

Gemäß der »raison«, an der sich die Etikette orientierte, existierte im Leitbild des »honnête homme« kein Interesse an wirtschaftlicher Tätigkeit. Gesellschaftliche Anerkennung erhielt hingegen nur derjenige, der nach den Regeln der Etikette distinguiert handelte, also sich auf gesellschaftliche Umgangsformen, geistreiche Unterhaltung und auf eine von der Praxis möglichst losgelöste, »theoretische« Lebenshaltung konzentrierte. Zusätzlich war es in der Wertehierarchie sehr hoch angesehen und wichtig, ein äußerst feines Gespür für die persönlichen Wünsche, Schwächen und Stimmungen des Gegenübers zu haben.

Da bürgerliche Eliten schon seit dem Mittelalter durch Ämterkauf in den Adelsstand aufgenommen werden konnten, war seit jeher der Aufstieg in den Adel das Ziel des aufstrebenden Bürgertums. Wenn man in der höfischen Hierarchie aufsteigen wollte, musste man sich entsprechend der Etikette verhalten. Dies führte dazu, dass sich das aufstiegswillige Bürgertum, integriert im angesehenen Beamtenapparat, am Verhalten und Lebensstil des Adels orientierte. Es übernahm die sozialen Werte der Aristokratie, das Desinteresse an ökonomischer Betätigung, grenzte sich von manueller Tätigkeit ab und imitierte die kultivierte, geistige und theoretische Lebenshaltung der Aristokraten (Ricken, 1961). Demgegenüber versuchte der Geburtsadel, der im Zuge des Monopolisierungsprozesses der königlichen Macht seine weltlichen Funktionen gänzlich verloren hatte, sich mit Hilfe einer weiteren Verfeinerung der höfischen Umgangsregeln von anderen höfischen Gruppen zu distanzieren. Die Etikette diente dabei der Abgrenzung.

Der absolutistische Königshof bestand aus einem weit verzweigten, sozialen Netzwerk, dem sich der Einzelne nicht entziehen konnte. Da die Hierarchiepyramide sehr steil und fein abgestuft war, herrschte ein starker Konkurrenzkampf um das Prestige der höheren Plätze. Durch diesen Einfluss prägte sich eine personenorientierte Rationalität aus, die ganz durch Gefallen, Ansehen, Gunst und Ehre motiviert war. Um seine eigenen Ziele zu erreichen, war es nicht möglich, direkt eigennützige Aktivitäten anzugehen, denn die Früchte der eigenen Arbeit konnten ohne Weiteres von höherer Stelle für sich beansprucht werden. Somit war man vollständig von deren Wohlwollen abhängig und musste sich im Vorhinein um deren Einverständnis, Erlaubnis und Unterstützung bemühen. Nur über gute Beziehungen zu hierarchisch Höhergestellten konnte der Einzelne in der höfischen Gesellschaft weiterkommen. Wegen der vielen hierarchischen Ebenen am königlichen Hofe wurde mit der Zeit alles, was mit dieser Suche nach Unterstützung zusammenhängt, wesentlich wichtiger als die eigentliche Aufgabe, für die man außerdem meist tiefer gestellte Personen verpflichten konnte.

Mit der Übernahme der höfischen Regeln durch das Bürgertum wurde das Ideal des »honnête homme«, ein Idealbild der vom Adel geprägten höfischen Gesellschaft, ins gesellschaftliche Bewusstsein übertragen und im Verlauf des 17. Jahrhunderts zum gesamtgesellschaftlichen Leitbild. In diesem Zusammenhang spricht man auch von der »Aristokratisierung des großen Bürgertums« (Münch, 1993, S. 631).

Im Verlauf des 18. Jahrhunderts – die Nachfolger Ludwig XIV. (1643–1715) verloren ihre absolute Machtposition und die starre Gesellschaftsordnung ließ keinem der Machtzentren ein absolutes Übergewicht – entwickelten sich die von adeligen Damen geführten »salons« in Paris zum Mittelpunkt der gesellschaftlichen Kritik am versteinerten System des Ancien Régime. Schriftsteller, Gelehrte, Intellektuelle und insbesondere die höfisch-aristokratische Schicht trafen sich in diesen »salons«, um über moralische, ästhetische und politische Themen gemäß der »raison« zu diskutieren. Zum einen war dies der Ort, an dem »die geistige Grundhaltung für die Ideen der Französischen Revolution vorbereitet und der Rationalismus durch die Elite verinnerlicht« (Fischer, 1996, S. 84) wurde. Zum anderen wirkte der »salon« jedoch stabilisierend auf die hierarchische Ordnung, da die höfisch-adelige Elite gleichzeitig an der höfischen Rationalität festhielt. Mit der Zeit wurde der Anteil der Bürgerlichen in den »salons« immer größer, wobei sich diese die Werte und Normen der Aristokraten aneigneten und deren Verhaltensweisen sowie vor allem auch deren Vorstellung von der »raison« als Basis für die Neuordnung der Welt übernahmen.

Gegen Ende des 18. Jahrhunderts entwickelte sich das Ideal des »homme civilisé« (»zivilisierter Mensch«) zum Leitbild der ganzen Gesellschaft, das sich durch gute Umgangsformen, Taktgefühl und Höflichkeit auszeichnete. Die ursprünglich aristokratische Idee der Zivilisiertheit wurde um einige Forderungen des Bürgertums ergänzt, und das Idealbild des »homme civilisé« war so nichts anderes »als eine etwas erweiterte Spielart jenes Menschentyps, der das eigentliche Ideal der höfischen Gesellschaft darstellte, des honnête homme« (Elias, 1976, S. 60). Da die feine Lebensart des Adels das vorherrschende, gesellschaftliche Leitbild blieb, setzte sich so der Prozess der Angleichung bürgerlicher und aristokratischer Gesinnung im 18. Jahrhundert fort.

Während der Französischen Revolution wurde zwar die von der Aufklärung proklamierte Gleichheit der gesamten Gesellschaft durch die Abschaffung der Privilegien des Ancien Régime und die Einführung allgemeiner Gesetze (Code Civil von Napoleon) in die Tat umgesetzt, aber die strengen gesellschaftlichen Umgangsformen des alten Staates wurden weiter gepflegt. Dadurch wurden die Trennung der unterschiedlichen gesellschaftlichen Schichten sowie die Undurchlässigkeit der hierarchischen Ordnung beibehalten. Voraussetzung für die Akzeptanz in höheren Schichten blieb somit weiterhin die Nachahmung der aristokratischen Lebensweise beziehungsweise die Beherrschung gesellschaftlicher Regeln. Aus diesem Grund wurde auch nach der Französischen Revolution durch das Bürgertum das vom Adel der höfischen Gesellschaft vorgelebte Leitbild – und damit auch die Barrieren zwischen den gesellschaftlichen Gruppen – weitergetragen, das alle Epochen und politischen Wechsel überdauerte und in abgeschwächter Form noch heute charakteristisch für die französische Gesellschaft ist. Somit lässt sich die Entwicklung sowie das Fortbestehen der personenorientierten Rationalität bis in die Gegenwart erklären.

Des Weiteren spielen soziokulturelle Faktoren für die Herausbildung der personenbezogenen Rationalität bei der Aufgabenbewältigung in Frankreich eine Rolle. Schon während der Studienzeit richtet sich das Engagement auf hochschulinterne Vereinsaktivitäten sowie einen intensiven Kommunikations- und Gedankenaustausch mit Studienkollegen und Kommilitonen desselben Jahrgangs, zum Beispiel in den zahlreichen Projektarbeiten. Auf diese Weise wird ein Beziehungsnetzwerk aufgebaut, das während der gesamten beruflichen Laufbahn gepflegt wird. Dieses Verhalten ist jedoch stärker in den Grandes Ecoles oder in den kurzen zweijährigen Ausbildungsgängen (IUT, BTS) zu beobachten als in den Universitäten, wobei diese auch seltener zu Berufen in Unternehmen führen (Pateau, 1999). Eine besondere Stellung nehmen in diesem Zusammenhang sicherlich die Absolventen der Grandes Ecoles ein. Durch das äußerst restriktive Ausleseverfahren für die Aufnahme in diese Elitehochschulen sowie durch die strenge und autoritäre Ausbildung entwickelt sich bei den Absolventen ein starker Corpsgeist. Auch nach Beendigung ihres Studiums bleiben die Mitglieder dieses elitären Kreises in ständigem Kontakt und sind in so genannten Vereinen der Ehemaligen bestens organisiert. Durch diese »Seilschaften«, in denen sich die Absolventen der gleichen Grande Ecole praktisch ein Leben lang gegenseitig fördern, entsteht ein umfassendes, einflussreiches Netzwerk an Kontakten. Da die meisten Spitzenkräfte auch in der Wirtschaft aus den Elitehochschulen stammen, verhelfen den jungen Absolventen der Grandes Ecoles ihre Kontakte zu frei werdenden Führungspositionen und erleichtern ihnen damit im Gegensatz zu den Abgängern von Universitäten den Aufstieg ins Topmanagement.

Eine mögliche Erklärung für den in Frankreich stark ausgeprägten Schutz der Privatsphäre liegt nach Crozier (1963) auch in dem »phénomène bureaucratique«. Er zeigt in seinem gleichnamigen Buch auf, wie die absoluten Monarchen durch ihre Stadt- und Steuerpolitik jeden Ansatz zu Aktivitäten auf den untergeordneten Ebenen schon im Keim erstickten. Dies hatte zur Folge, dass das kollektive Handeln gelähmt wurde und kaum Gruppengeist entstand. Crozier (1963) führt verschiedene ethnologische Studien an, die auf wenige feste Sozialbezüge in den Dörfern und Stadtteilen sowie auf Isolierung hinweisen. Die Menschen legten großen Wert auf ihre Unabhängigkeit und hielten Abstand zueinander. So lassen sich die ausgeprägten Bemühungen der Franzosen, ihre Privatsphäre zu schützen, auf die Auswirkungen der aus der Ferne wirkenden Autorität und ihrer »Vereinheitlichungspolitik« zurückführen.

2+2
=5
mais
oui
2+2
=4
Plannerer

Themenbereich 3: Autoritätsorientierung

Beispiel 8: Projektverzögerung

Situation

Herr Adler ist seit einiger Zeit in Paris bei einem deutschen Unternehmen als IT-Projektleiter tätig. Nach der Einführung eines Programms bei einem Kunden wird alle vier Wochen ein Meeting mit den Vertretern der Kundenseite abgehalten, um auftretende Probleme zu besprechen. Herr Adler leitet zusammen mit Herrn Pochet, dem Projektleiter auf Kundenseite, diese Meetings. Beim letzten Meeting mussten Herr Adler und Herr Pochet wegen anderer Termine frühzeitig gehen, so dass die letzten kritischen Punkte auf der Tagesordnung ohne die beiden Projektleiter besprochen wurden. Wie Herr Adler erfuhr, wurde zwar über die Punkte ausführlich diskutiert, aber die grundlegende Problematik, die es auf beiden Seiten gab, wurde von keinem der Beteiligten angesprochen, was zu erheblichen Verzögerungen des Projektes während der folgenden Woche führte. Herr Adler versteht nicht, warum die Probleme von keiner der beiden Seiten offen angesprochen wurden.

Warum wurden die Probleme nicht offen angesprochen?

- Lesen Sie nun die Antwortalternativen nacheinander durch.
- Bestimmen Sie den Erklärungswert jeder Antwortalternative für die gegebene Situation und kreuzen Sie ihn auf der darunter befindlichen Skala an. Es ist möglich, dass mehrere Antwortalternativen den gleichen Erklärungswert besitzen.

Deutungen

a) Die Beteiligten des Projektteams sehen es nicht in ihrem Verantwortungsbereich, kritische Punkte abschließend zu klären und entsprechende Entscheidungen zu treffen. Dies ist allein Aufgabe der Projektleiter.

sehr zutreffend	eher zutreffend	eher nicht zutreffend	nicht zutreffend

b) Sobald die Projektleitung nicht mehr anwesend ist, wird zwar noch weiter diskutiert, um die Besprechungszeit auszufüllen, aber diese Diskussionen dienen hier dem näheren persönlichen Kennenlernen, nicht aber ernsthaften Problemanalysen.

sehr zutreffend	eher zutreffend	eher nicht zutreffend	nicht zutreffend

c) In Frankreich werden wichtige Aspekte problematischer Situationen nur von den dazu befugten Leitungskräften besprochen und einer Klärung zugeführt.

sehr zutreffend	eher zutreffend	eher nicht zutreffend	nicht zutreffend

d) Die Vertreter der Firmen- und Kundeninteressen waren fachlich zu wenig qualifiziert, um die anstehenden Probleme im Detail zu verstehen und somit einer ernsthaften Analyse unterziehen zu können.

sehr zutreffend	eher zutreffend	eher nicht zutreffend	nicht zutreffend

- Versuchen Sie, Ihre Einstufung jeder Antwortalternative zu begründen. Halten Sie die Begründung in schriftlicher Form stichpunktartig fest.
- Lesen Sie nun die Erläuterungen zu jeder Antwortalternative durch und vergleichen Sie diese mit Ihren eigenen Begründungen.

Bedeutungen

Erläuterung zu a):
Die Teilnehmer des Meetings waren mit der ihnen von den Chefs übertragenen Aufgabe überfordert, nicht nur die anstehenden Probleme zu diskutieren, sondern auch die grundlegende Realisierungsproblematik anzusprechen und über Lösungen zu befinden. Sie hätten damit auch eine Kompetenzgrenze überschritten, denn in Frankreich trifft nur der Chef beziehungsweise der Projektleiter die notwendigen Entscheidungen und sonst niemand.

Erläuterung zu b):
Bei regelmäßigen, alle vier Wochen stattfindenden Treffen sollte die Phase des persönlichen Kennenlernens, besonders in Frankreich, bereits abgeschlossen sein. Franzosen legen großen Wert darauf, schnell einen guten persönlichen Bezug zu ihren Gesprächspartnern herzustellen. Die gesamte Situationsschilderung gibt keinen Hinweis darauf, dass die verbliebenen Personen nur noch diskutieren, um die Besprechungszeit auszunutzen.

Erläuterung zu c):
Diese Deutung hat einiges für sich, denn die Projektleiter werden für den reibungslosen Ablauf der Programmeinführung verantwortlich gemacht und stehen somit in der Pflicht, sich vorrangig um die Problemanalyse und -lösung zu kümmern. Doch in vorliegendem Fall sind sie auf die fachkundige Argumentation der Mitarbeiter beider Seiten angewiesen, denn sonst wäre ein alle vier Wochen stattfindendes Treffen überflüssig. Die Mitarbeiter diskutieren auch die Probleme recht ausführlich, doch sie umgehen eine Auseinandersetzung mit den grundlegenden Problemen, obwohl sie wissen müssten, dass dies zu erheblichen Projektverzögerungen führen muss. Es muss wohl eine andere Deutung zutreffender sein.

Erläuterung zu d):
Die Vertreter der IT-Firma und der Kundenseite treffen sich nicht zufällig, sondern geplant alle vier Wochen, um auftretende Probleme zu besprechen und so schnell wie möglich lösen zu können. Es ist höchst unwahrscheinlich, dass die bei diesen Besprechun-

gen anwesenden Fachvertreter so unqualifiziert sind, dass sie die anstehenden Probleme nicht verstehen. In diesem Fall würde ja das Treffen überhaupt keinen Sinn machen.

Lösungsstrategie

Frankreich ist eine Republik mit einer traditionell stark zentralistischen und obrigkeitsstaatlichen Führungsstruktur. Nicht nur, dass auf politischer und staatlicher Ebene alle wichtigen Entscheidungen in Paris getroffen werden und in Paris die besten Ausbildungseinrichtungen zu finden sind; auch sonst ist die französische Nation bis in Verwaltungsdetails hinein auf Paris als Zentrum zentriert. Ähnlich ist es in Unternehmen. Entscheidungen werden nur von der Unternehmensspitze getroffen und auf den verschiedenen hierarchischen Ebenen nur von den jeweiligen Chefs nach Absicherung gegenüber den höheren Vorgesetzten. Eigenverantwortlichkeit spielt zwar ebenfalls eine wichtige Rolle, aber diese bezieht sich nicht darauf, eigenständige Entscheidungen zu treffen und dann für die Folgen auch gerade zu stehen. Wenn es um Entscheidungen geht, welcher Weg einzuschlagen ist, welche Ressourcen für was aktiviert werden sollen und wie im Einzelnen vorgegangen werden soll, ist immer der Chef zu fragen, sein Votum einzuholen und dieser trifft dann die Entscheidung.

Dieses kulturell bedingte Regelsystem war Herrn Adler offensichtlich nicht bewusst, denn sonst hätte er nicht erwarten können, dass die von den Chefs allein gelassene Gruppe grundlegende Probleme im Zusammenhang mit der Aufgabenstellung und mögliche Problemlösungen ernsthaft diskutiert und entsprechende Entscheidungen trifft. Keiner der französischen Teilnehmer an dem Meeting war bereit, sich bei diesen heiklen Punkten festzulegen sowie Entscheidungsvorschläge und Lösungsmöglichkeiten zu verabschieden, da dies nach den in Frankreich üblichen Regeln Aufgabe der Chefs ist. Erstaunlich ist in diesem Fall nur, dass Herr Pochet Herrn Adler nicht darüber informiert hat, was von einem Meeting zu erwarten ist, an dem keiner der beiden Chefs teilnimmt. Dies ist möglicherweise darauf zurückzuführen, dass Herr Adler erst seit kurzem in Paris bei dem deutschen

Unternehmen als IT-Projektleiter tätig ist und zu Herrn Pochet noch kein so enges Vertrauensverhältnis hat, dass dieser sich traut, Herrn Adler über die Gepflogenheiten zu informieren.

Generell gilt in Frankreich, dass dann, wenn die Autoritäten nicht anwesend sind, die Teammitglieder nur eine geringe Eigenverantwortlichkeit und Eigeninitiative zeigen, und dies nicht aus Bequemlichkeit oder aus Ängstlichkeit, sondern weil sie den Chefs nicht vorgreifen wollen und Sorge haben, ihren Kompetenzspielraum, der ja nie genau festgelegt ist, zu überschreiten. In Deutschland dagegen erwartet ein abwesender Chef von einer Gruppe, die aus qualifizierten Teilnehmern besteht, dass diese die anstehenden Probleme bis ins letzte Detail diskutieren und ihre geballten Fachkenntnisse so konzentrieren, dass daraus anwendungsfähige Lösungsvorschläge resultieren, die dann nur noch der Kenntnisnahme und Zustimmung seitens des Chefs bedürfen. Während in diesem Fall Chef und Mitarbeiter das Ergebnis als ein gemeinsames Produkt ansehen, ist in Frankreich ein solches Vorgehen nicht üblich und auch von beiden Seiten nicht erwünscht. Dem Chef beziehungsweise Vorgesetzten wird in Frankreich aufgrund seiner allumfassenden Autorität und Entscheidungsgewalt Respekt entgegengebracht. Wenn Herr Adler in Frankreich von seinen Mitarbeitern als Vorgesetzter akzeptiert werden will, dann muss er sich dieser Rollenzuweisung fügen und stärker, als dies in Deutschland üblich ist, Entscheidungen allein treffen.

Beispiel 9: Neuer französischer Chef

Situation

Herr Wagner ist seit einem halben Jahr in der Pariser Filiale eines großen deutschen Elektrokonzerns in der Rechnungswesenberichterstattung tätig. Er ist mit der Aufgabe betraut, eine neue Systematik für die Verrechnung der Mieten zu erarbeiten. Vor zwei Monaten wurde Herr Laroche neuer Chef der Abteilung, in der auch Herr Wagner arbeitet. Zum Erstaunen aller eröffnet Herr Laroche in einem Meeting, welche Systematik zur Verrechnung der Mieten er entwickelt hat und wie sie umgesetzt werden soll. Herr

Wagner fühlt sich vor den Kopf gestoßen, da sein Chef keine Rücksprache mit ihm gehalten hat und sich nicht einmal angesehen hat, was Herr Wagner im letzten halben Jahr dazu ausarbeitete.

Warum verhält sich Herrn Wagners neuer Chef so?

- Lesen Sie nun die Antwortalternativen nacheinander durch.
- Bestimmen Sie den Erklärungswert jeder Antwortalternative für die gegebene Situation und kreuzen Sie ihn auf der darunter befindlichen Skala an. Es ist möglich, dass mehrere Antwortalternativen den gleichen Erklärungswert besitzen.

Deutungen

a) Herr Laroche sieht in Herrn Wagner einen Konkurrenten, weil er eine hochwertige Systematik zur Verrechnung der Mieten erstellt hat, mit dem sein eigenes Konzept nicht konkurrieren kann. Das kann er sich als Chef aber nicht eingestehen und reagiert entsprechend.

sehr zutreffend	eher zutreffend	eher nicht zutreffend	nicht zutreffend

b) Herr Laroche zeigt bei Antritt seines neuen Chefpostens, wer Herr im Hause ist, und Herr Wagner ist mehr zufällig das Opfer dieser Demonstration.

sehr zutreffend	eher zutreffend	eher nicht zutreffend	nicht zutreffend

c) Herr Laroche weiß, dass er als Chef der Abteilung fachlich überfordert ist. Er ist unsicher und kompensiert das durch sein forsches Auftreten.

sehr zutreffend	eher zutreffend	eher nicht zutreffend	nicht zutreffend

d) Herr Laroche hat den Chefposten erst vor zwei Monaten übernommen und wusste nichts von Herrn Wagners Auftrag und seinen Arbeitsergebnissen.

- Versuchen Sie, Ihre Einstufung jeder Antwortalternative zu begründen. Halten Sie die Begründung in schriftlicher Form stichpunktartig fest.
- Lesen Sie nun die Erläuterungen zu jeder Antwortalternative durch und vergleichen Sie diese mit Ihren eigenen Begründungen.

Bedeutungen

Erläuterung zu a):
Ein neuer Chef hat sicher zu Anfang ein starkes Bedürfnis zu zeigen, wer er ist und was er kann. Ein hohes Maß an »Impression Management« kann die Folge sein. Im vorliegenden Fall ist es aber unwahrscheinlich und nichts deutet darauf hin, dass Herr Laroche gerade zwei Monate nach Übernahme des Chefpostens ausgerechnet Herrn Wagner als Konkurrenten ansieht. Herr Wagner ist ein Mitarbeiter unter vielen und Herr Laroche immerhin der Chef.

Erläuterung zu b):
Präsenz und Kompetenz für alle sichtbar vorzuführen, ist für Chefs auf neuen Posten wichtig. Dies trifft auf Frankreich in besonderem Maße zu. Herr Laroche nutzt das Meeting, um seine Machtposition deutlich zu machen. Als Führungspersönlichkeit wird von französischen Vorgesetzten erwartet, dass sie eigene Visionen haben, diese auch umsetzen und alles entscheiden. Da Herr Laroche einen Lösungsweg für das anstehende Problem der Mietverrechnung selbst entwickelt hat, weist er die Arbeiter an, sich danach zu richten.

Erläuterung zu c):
Es kommt immer wieder vor, dass Menschen mit Arbeitsaufgaben betraut werden oder in Positionen kommen, denen sie nicht gewachsen sind und dann Minderwertigkeiten überkompensie-

ren. In diesem Fall geht es aber nicht um die Führungsqualitäten von Herrn Laroche, sondern nur um eine relativ spezifische Aufgabenstellung, nämlich die Verrechnungssystematik bei Mieten. Ein persönliches Defizit ist eher weniger der Grund für sein Auftreten.

Erläuterung zu d):
Aus der Situationsschilderung geht hervor, dass die Entwicklung eines neuen Mietverrechnungssystems eine wichtige Aufgabe in der Abteilung ist. Auch wenn Herr Laroche erst kürzlich den Chefposten angetreten hat, ist es unwahrscheinlich, dass er nicht über die Arbeit von Herrn Wagner informiert ist, da dieser schon seit sechs Monaten daran arbeitet. Hier ist eine andere Deutung wohl zutreffender.

■ Lösungsstrategie

Herr Wagner ist es aus dem deutschen Elektrokonzern heraus gewohnt, dass Mitarbeiter mit bestimmten Aufgabenstellungen betraut werden, wie in diesem Fall mit der Entwicklung einer neuen Systematik zur Verrechnung von Mieten, dass diese Aufgaben entsprechend der Qualifikation eigenständig erledigt werden und dass nach Abschluss die Möglichkeit besteht, vor dem zuständigen Publikum die Ergebnisse vorzustellen und mit dem Chef und anderen verantwortlichen Personen zu diskutieren. In diesem Fall wird er von dem französischen Chef in zweifacher Hinsicht vor den Kopf gestoßen. Einmal durch die Tatsache, dass dieser in dem Meeting eine eigene Verrechnungssystematik der Mieten vorstellt und die dazu erforderlichen Wege der Umsetzung präsentiert. Zum anderen hat er sich bislang nicht mit den Arbeitsergebnissen von Herrn Wagner auseinandergesetzt und mit ihm darüber gesprochen. Das, was Herr Laroche in diesem Meeting vorführt, ist ein exzellentes Beispiel für »symbolisches Führen«. Er weiß, dass Herr Wagner ein halbes Jahr an der Entwicklung eines Verrechnungssystems gearbeitet hat, und er vermutet, dass das, was Herr Wagner dazu zu sagen hat, von hoher Qualität ist und möglicherweise von allen Teilnehmern des

Meetings bestaunt und bewundert wird. Um zu vermeiden, dass dabei seine eigene Führungsposition als Chef der Abteilung untergraben werden könnte, lässt er zunächst einmal Herrn Wagner überhaupt nicht zu Wort kommen, sondern demonstriert sehr eindrucksvoll, wenn auch für alle überraschend, dass er selbst bereits ein Verrechnungssystem entwickelt hat und weiß, wie es umzusetzen ist. Dabei geht es weniger und eigentlich überhaupt nicht um den sachlichen Inhalt und die Qualität seines Verrechnungssystems, es geht ihm auch nicht darum, Herrn Wagners Leistungen zu schmälern, sondern einzig und allein um die Demonstration, dass bei allem, was noch kommen wird, er das Sagen hat. Das entspricht durchaus der Tradition französischer Chefs, die zeigen müssen, dass sie eigene Visionen haben, dass sie wissen, wie diese umzusetzen sind und dass sie es nicht nötig haben, sich allein auf die Ergebnisse von Mitarbeitern zu verlassen. Schließlich geht es darum zu zeigen, dass er als Chef die Entscheidungsbefugnis über das hat, was richtig ist und was als Weiteres zu tun ist.

Herr Wagner tut gut daran, seine nachvollziehbare Verärgerung nicht zum Ausdruck zu bringen, alles dies über sich ergehen zu lassen, zu lernen, wie man sich in Frankreich als Chef in Position setzt, und abzuwarten, was Herr Laroche nach dem Meeting mit ihm und seinen Arbeitsergebnissen vorhat. Er sollte sich darauf einstellen, dass, nachdem geklärt ist, wer das Sagen hat, ihm genügend Gelegenheiten gegeben werden, seine Ergebnisse in die Diskussion mit einzubringen. Möglicherweise geben seine Ergebnisse nachher den Ausschlag für die neue Systematik zur Verrechnung der Mieten und Herr Laroche würdigt in einem erneuten Meeting seine Arbeit. Vor Publikum wird er womöglich demonstrieren, dass er entschieden hat, nach dem von Herrn Wagner erarbeiteten Verfahren vorzugehen.

Auf diese Weise wäre allen berechtigten Anliegen Rechnung getragen worden: Denn der Chef hat gezeigt, was er kann; Herrn Wagners Arbeiten sind gewürdigt worden und die Teammitglieder sind zufrieden, weil sie wissen, dass einer, nämlich der Chef, für das weitere Vorgehen die Verantwortung übernimmt.

Beispiel 10: Betroffenheit

Situation

Herr Kraus lebt seit mehr als zehn Jahren in Paris und hat dort bei einem der weltweit führenden Motorenhersteller die Geschäftsleitung gemeinsam mit seinem französischen Kollegen Herrn Desjobert inne. Vor ein paar Monaten wurde ein Servicecenter in Lyon aufgebaut, das der langjährige französische Mitarbeiter Herr Pochet leitet. Nach sechs Monaten bleibt das Servicecenter in Lyon aber weit hinter den vorgegebenen Umsatzzielen zurück, die von der Geschäftsleitung in Paris ausgegeben wurden. Bei einem der Besuche in Lyon spricht Herr Kraus den zuständigen Leiter des Servicecenters darauf an: »Monsieur Pochet, j'ai honte de notre performance et du développement des affaires.« (»Herr Pochet, ich schäme mich wegen unserer Performance und Entwicklung des Geschäftsverlaufs!«) Herr Pochet nimmt dies wortlos zur Kenntnis und beide diskutieren daraufhin Verbesserungsmaßnahmen. Am nächsten Tag erzählt Herr Desjobert Herrn Kraus, dass er einen Anruf von Herrn Pochet aus Lyon bekommen hat und dieser sehr betroffen und vollkommen niedergeschlagen ist, da Herr Kraus ihm vorgeworfen habe, dass es eine große Schande ist, wie sich die Entwicklung des Umsatzes darstellt. Herr Kraus versteht nicht, warum Herr Pochet seine Bestürzung nicht ihm gegenüber schon im gestrigen Gespräch geäußert hat.

Warum hat Herr Pochet seine Bestürzung nicht Herrn Kraus gegenüber geäußert?

- Lesen Sie nun die Antwortalternativen nacheinander durch.
- Bestimmen Sie den Erklärungswert jeder Antwortalternative für die gegebene Situation und kreuzen Sie ihn auf der darunter befindlichen Skala an. Es ist möglich, dass mehrere Antwortalternativen den gleichen Erklärungswert besitzen.

Deutungen

a) Herr Pochet fühlt sich von Herrn Kraus ungerecht behandelt, da er die Ursachen für das Verfehlen der Umsatzziele nicht im eigenen Versagen sieht, sondern auf äußere Umstände zurückführt, auf die er keinen Einfluss hat.

sehr zutreffend — eher zutreffend — eher nicht zutreffend — nicht zutreffend

b) Die Kritik von Herrn Kraus an der Arbeitsleistung von Herrn Pochet ist zwar gut begründet und sachlich gerechtfertigt. Nur nutzt Herr Pochet sie, um Herrn Kraus beim französischen Geschäftsführer, Herrn Desjobert, anzuschwärzen.

sehr zutreffend — eher zutreffend — eher nicht zutreffend — nicht zutreffend

c) Herr Pochet ist eitel und höchst empfindlich und will schon gar nicht mit Herrn Kraus über die Probleme im Servicecenter diskutieren.

sehr zutreffend — eher zutreffend — eher nicht zutreffend — nicht zutreffend

d) Herr Pochet ist über die Kritik an seiner Arbeit durch Herrn Kraus bestürzt, vermeidet es aber, seine Betroffenheit Herrn Kraus gegenüber direkt zu äußern, da dieser sein Vorgesetzter ist.

sehr zutreffend — eher zutreffend — eher nicht zutreffend — nicht zutreffend

- Versuchen Sie, Ihre Einstufung jeder Antwortalternative zu begründen. Halten Sie die Begründung in schriftlicher Form stichpunktartig fest.
- Lesen Sie nun die Erläuterungen zu jeder Antwortalternative durch und vergleichen Sie diese mit Ihren eigenen Begründungen.

Bedeutungen

Erläuterung zu a):
Wenn diese Deutung zutreffen würde, dann wäre es nur vernünftig, dass Herr Pochet mit Herrn Kraus über die äußeren Umstände diskutiert, auf die das Verfehlen der Umsatzziele zurückzuführen ist, um dann nach einer solchen Diskussion auch mit ihm Lösungen zu suchen, die leistungsbehindernden äußeren Umstände zu reduzieren. Genau dies tut er aber nicht, sondern beschwert sich stattdessen beim Vorgesetzten über das aus seiner Sicht durchaus auch gerechtfertigte Kritikverhalten von Herrn Kraus. Eine zutreffendere Deutung muss gefunden werden.

Erläuterung zu b):
Diese Deutung unterstellt unausgesprochene Kontroversen zwischen Herrn Kraus und Herrn Pochet. Tatsächlich aber zieht Herr Pochet weder die schlechten Umsatzzahlen in Zweifel noch die Kritikberechtigung. Er diskutiert sogar mit Herrn Kraus die anstehenden Probleme, ohne aber ihm gegenüber seine Betroffenheit über die ausgesprochene Kritik zum Ausdruck zu bringen. Dafür wendet er sich eben an Herrn Desjobert. Weshalb er das tut, erklärt diese Deutung nicht.

Erläuterung zu c):
Kritik an einer so wichtigen Sache entgegenzunehmen und zu diskutieren, ist immer schwer. Hier geht es aber weniger um die Kritik selbst, sondern um die Reaktion von Herrn Pochet. Er diskutiert mit Herrn Kraus zwar die Probleme und sucht mit ihm nach Lösungen, lässt ihm gegenüber aber seine persönliche Betroffenheit nicht erkennen und sucht stattdessen das Gespräch mit dem französischen Geschäftsführer. Warum? Diese Deutung erklärt das Verhalten von Herrn Pochet nicht.

Erläuterung zu d):
Dem Chef beziehungsweise Vorgesetzten wird in Frankreich allein aufgrund seiner Stellung in der Hierarchie Respekt entgegengebracht. Aus diesem Grund hält sich Herr Pochet hinsichtlich seiner Bestürzung über die harsche Kritik an seiner Arbeitsleistung im Gespräch mit Herrn Kraus zurück und spricht diese

nicht offen an. Über den Umweg einer dritten Person, Herrn Desjobert, gelingt es Herrn Pochet, seine Betroffenheit an der Kritik von Herrn Kraus zum Ausdruck zu bringen.

Lösungsstrategie

Für französische Verhältnisse hat Herr Kraus viel zu direkt gegenüber Herrn Pochet auf die unbefriedigenden Umsatzzahlen hingewiesen. Er greift zwar Herrn Pochet nicht persönlich an, sondern formuliert eher neutral, dass er sich schämt über »unseren« unbefriedigenden Geschäftsverlauf, doch weiß jeder, wer hier als Verantwortlicher angesprochen ist. Da Herr Kraus der Vorgesetzte von Herrn Pochet ist und in Frankreich Mitarbeiter den Vorgesetzten absoluten Respekt entgegenbringen müssen, kann er als Untergeordneter aus Höflichkeit seinem Chef nicht direkt sagen, was er denkt und was er empfindet. Herr Pochet versucht nun über Herrn Desjobert, also den französischen Geschäftsleiter, und damit auf indirektem Wege, Herrn Kraus zu übermitteln, wie sehr er sich betroffen fühlt, dass ihm diese Entwicklung sehr zu Herzen geht und er auch über diesen Geschäftsverlauf nicht glücklich ist.

Herr Kraus, der mit den Gepflogenheiten in Frankreich vielleicht nicht so gut vertraut ist, wird verärgert sein, dass Herr Pochet seine Bemerkungen über den unzufriedenen Geschäftsverlauf einfach nur wortlos zur Kenntnis genommen hat und sich dann hinterrücks bei Herrn Desjobert über sein Verhalten beschwert. Er wird sich hintergangen fühlen und das wird sicherlich das Verhältnis von Herrn Kraus zu seinem Mitarbeiter Herrn Pochet stark belasten. Aber Herr Kraus sollte verstehen, dass Herrn Pochet nichts anderes übrig bleibt, denn als Untergebener hat er die Kritik seitens des Chefs hinzunehmen, ohne sich dazu zu äußern. Herr Kraus sollte außerdem darüber nachdenken, dass die Direktheit, mit der er die Kritik vorgetragen hat, also die Art, wie er mit Herrn Pochet Tacheles geredet hat, für französische Mitarbeiter in verantwortlichen Positionen schockierend ist. Wichtig ist auch, dass Emotionalität im französischen Arbeitsleben durchaus gezeigt und thematisiert werden kann, so dass die kommunizierte Betroffenheit seitens Herrn Pochets gegenüber Herrn Desjobert keine Ausnahme ist, sondern durchaus den üblichen Gepflogenheiten entspricht. Da, wie in dem Beispiel erwähnt, beide über Verbesserungsmaßnahmen diskutiert haben, sollte Herr Kraus sehr genau darauf achten, ob Herr Pochet Anstalten macht, diese Verbesserungsmaßnahmen zu realisieren, wie stark sich Herr Pochet zur Verbesserung der Geschäftsentwicklung engagiert und sofort, wenn positive Reaktionen zu beobachten sind, Herrn Pochet loben und bei seinen Aktivitäten unterstützen.

Ganz falsch wäre es, Herrn Pochet zur Rede zu stellen, einerseits, warum er nicht mit ihm über seine Betroffenheit gesprochen hat, und andererseits, warum er den französischen Geschäftsleiter Herrn Desjobert mit in die Diskussion einbezogen hat. Herr Kraus sollte außerdem überlegen, was er tun kann, um das Vertrauensverhältnis zu seinem sicherlich qualifizierten Mitarbeiter Herrn Pochet zu stärken und so zu verbessern, dass die Arbeitsmotivation von Herrn Pochet erhalten bleibt und weiter gestärkt wird.

Hintergrundinformationen zu »Autoritätsorientierung«

Charakteristisch ist für Frankreich, dass Autorität als external erlebt wird und die Machtbefugnisse in der Hierarchiespitze stark konzentriert sind.

Externale Autorität

Die Unternehmensstruktur in Frankreich ist durch einen vertikalen, streng hierarchischen Aufbau gekennzeichnet. Dies führt dazu, dass die Führungsspitze in französischen Unternehmen als ferne und damit als äußerliche Autorität erlebt wird. Macht wird also grundsätzlich als eine Instanz empfunden, die dem Individuum gegenübersteht, was sich wie folgt ausdrückt: Zum einen wird dem Chef (bzw. dem Vorgesetzten) in Frankreich allein aufgrund seiner Stellung in der Hierarchie großer Respekt entgegengebracht, denn er verkörpert die Autorität. Auch seitens der Führungsverantwortlichen wird darauf geachtet, den Status und die Distanz im Kontakt mit den Mitarbeitern zu wahren. Somit ergibt sich eine starke Trennung der verschiedenen hierarchischen Ebenen.

Zum anderen nehmen Franzosen Autorität nur dann ernst und achten sie, wenn sie durch eine Person mit der entsprechenden hierarchischen Position auch tatsächlich im Hier und Jetzt repräsentiert und ausgeübt wird. Da Autorität in Frankreich vorwiegend als external erlebt wird, gibt es keinen besonderen Anlass, allgemeine Regeln oder Vorschriften einzuhalten. Vielmehr das Gegenteil ist zu beobachten. Bei der Zielerreichung werden derartige Bestimmungen eher als Einschränkungen und Hindernisse empfunden, die es möglichst elegant zu umgehen gilt (vgl. Themenbereich 5: Flexibilität).

■ Machtkonzentration in der Hierarchiespitze

Die meisten französischen Unternehmen verfügen unabhängig von der Größe, wie bereits angedeutet, über klare vertikale sowie stark hierarchische Strukturen. Der Aufbau der Unternehmensorganisation gleicht in der Form einer Pyramide, an deren Spitze der »président directeur général« (P. D. G.; Generaldirektor) steht. Von zentraler Bedeutung ist hierbei, dass die Entscheidungsmacht stark in dieser Führungsspitze zentralisiert ist. Aufgrund seiner herausragenden Stellung wird der P. D. G. oft als »Patron«[1] bezeichnet. Aus dem Selbstverständnis und der Erwartung an ihn als Führungspersönlichkeit, die eigene Visionen hat und diese umsetzen will, entscheidet er allein und selbstverantwortlich über die Unternehmensgeschicke. Aufgrund dieser hierarchischen Struktur in französischen Betrieben müssen die

---

1 Der Begriff »Patron« (eigentlich der Schutzheilige) wird traditionell für die Inhaber von kleinen und mittelständischen Betrieben verwendet. Dabei zeichnet sich der Patron dadurch aus, dass er die Fürsorgefunktion gegenüber seinen Mitarbeitern übernimmt, während diese im Gegenzug seine hierarchische Stellung akzeptieren und er kraft seiner Autorität allein entscheidet (vgl. Fischer, 1996).

meisten Entscheidungen erst die Führungsspitze durchlaufen, um in einem langen »Top-down«-Prozess zur Durchführung zu gelangen. Für den P. D. G. ist es zudem wegen seiner autoritären Stellung selbstverständlich, direkt auf allen Unternehmensebenen einzugreifen.

Um jederzeit bestens informiert und ständig auf dem Laufenden zu sein sowie entsprechend fundierte und kompetente Entscheidungen treffen zu können, stützt er sich auf ein weit verzweigtes informelles Informations- und Beziehungsnetzwerk, das er ständig pflegt (vgl. Themenbereich 2: Personenorientierung). Dieses Verhalten ist ebenso auf den verschiedenen Ebenen der Unternehmenshierarchie anzutreffen. Meetings und Besprechungen werden in diesem Zusammenhang als Erweiterung der informellen Kommunikation gesehen und dienen dem Sammeln von Informationen, nicht notwendigerweise der Entscheidung. Entscheidungen werden vom französischen Chef beziehungsweise Vorgesetzten allein getroffen, und somit bleibt auch die Verantwortung bei ihnen. Dies wird jedoch auch seitens der französischen Angestellten erwartet. Ein Delegieren von Entscheidungen auf die jeweiligen untergeordneten Ebenen würde als Führungsschwäche ausgelegt und wird daher vermieden. Folglich sind es die französischen Mitarbeiter weniger gewohnt als ihre deutschen Kollegen, Verantwortung zu tragen oder zu übernehmen. Dies führt dazu, dass bei auftretenden Problemen oder Konflikten auf die Hierarchie zurückgegriffen wird. Französische Angestellte werden immer erst mit ihrem Vorgesetzten oder der oberen Spitze der Hierarchie Rücksprache halten beziehungsweise sich bei diesem rückversichern, bevor sie ihre Zustimmung geben. Entsprechend werden bei Besprechungen, in denen beispielsweise die weisungsbefugten Projektleiter fehlen, keine Entscheidungen getroffen werden und die Anwesenden wenig Eigeninitiative zeigen, selbstständig das Projekt voranzutreiben. In diesem Zusammenhang sei auch auf die Stellung der »Cadres« hingewiesen. Cadres ist nicht eindeutig ins Deutsche übersetzbar, bezeichnet aber die höhere Schicht der Angestellten in einer französischen Firma. In Frankreich werden Mitarbeiter sowohl mit als auch ohne Personalverantwortung, wie zum Beispiel hoch qualifizierte Spezialisten, zu den Cadres gezählt. Cadre stellt in erster Linie einen Status dar, der sich vornehmlich durch ein höheres Gehalt sowie eine bessere Rentenabsicherung auszeichnet. Zwischen Cadres und der ausführenden Ebene existiert eine sehr strikte Trennung. Absolventen einer Grande Ecole oder eines fünfjährigen Hochschulstudiums erhalten im Regelfall den Cadre-Status mit Eintritt ins Berufsleben. Eine breite Schicht der Cadres befindet sich somit in den Unternehmen in einer zwiespältigen Lage. Einerseits bringen sie durch ihre Ausbildung die Voraussetzungen mit, im Unternehmen Verantwortung zu übernehmen und Entscheidungen zu treffen. Andererseits müssen sie sich den hierarchischen Strukturen beugen und sind entsprechend von der Mitwirkung im Entscheidungsprozess ausgeschlossen.

Des Weiteren werden Begründungen für getroffene Entscheidungen, wie bereits beim Kulturstandard »Indirekter Kommunikationsstil« (Themenbereich 1) erwähnt, von den Verantwortlichen nur auf Nachfrage gegeben. Ferner ist es üblich, dass die französischen Mitarbeiter ihre Einwände erst im Nachhinein, zumeist beiläufig, bei einem Kaffee oder einem Gespräch auf dem Flur mit dem Vorgesetzten oder einem seiner Vertreter anbringen. Zudem wird es als Aufgabe der Verantwortungsträger angesehen, die Mitarbeiter persönlich oder durch entsprechende Vertrauensleute zur Ausführung der »von oben getroffenen« Beschlüsse zu motivieren, ihr engagiertes Arbeiten zu kontrollieren und in ständigem Kontakt mit ihnen zu bleiben. Entsprechend gering ist die Führungsspanne, das heißt die Anzahl der geführten Mitarbeiter. Auffallend ist in diesem Zusammenhang der trotz dieser hierarchischen Machtverteilung sehr persönliche Umgang des Chefs oder Vorgesetzten mit seinen Mitarbeitern, was sich unter anderem in dem scherzhaften, höflich-respektvollen Umgangston seitens der französischen Führungskräfte gegenüber ihren Angestellten zeigt. Ebenso ist es üblich, den Vorgesetzten mit dem Vornamen anzusprechen und ihn dabei zu siezen.

Kulturelle Verankerung von »Autoritätsorientierung«

Es können mehrere Faktoren gefunden werden, die zur Herausbildung des französischen Autoritätsverständnisses beigetragen haben. Eine zentrale Rolle kommt dabei der Vereinheitlichung und Zentralisierung in Frankreich zu. Frankreich entwickelte sich bereits früh zum Nationalstaat mit starker zentralistischer Ausrichtung. Der Prozess zur Einheitlichkeit vollzog sich vom Zentrum aus und vertiefte sich unabhängig von den jeweils herrschenden politischen Regimen, wobei auch der Zentralismus kontinuierlich verstärkt wurde. Zudem sei auf die besondere Stellung des höfischen Systems hingewiesen. Der absolutistische Königshof bildete das Zentrum dieser höfischen Gesellschaft, in der jeder Höfling aufgrund eines fehlerhaften Verhaltens gegenüber einem Ehrenträger der Staatsmacht seinen Rang in der Hierarchie verlieren konnte und somit völlig abhängig war. So haben sich die Franzosen im Laufe der Jahrhunderte daran gewöhnt, »von einer mächtigen und fernen Autorität abhängig zu sein, für die die Hauptstadt Paris ebenso symbolisch ist wie in den Unternehmen die Zentrale oder der nur als PDG bezeichnete président directeur général« (Pateau, 1997, S. 276).

Auf diesem Hintergrund aufbauend lässt sich auch die geringe Verantwortungsübernahme der französischen Angestellten sowie das Entscheidungsverhalten der Hierarchiespitze erklären. Entsprechend der administrativ-zentralistischen Elite im französischen Staat haben in französischen Unternehmen der »président directeur général« (PDG) und die Vorgesetzten sämtliche Entscheidungsbefugnisse inne und entscheiden über den Gemeinwillen. Daher liegt es in der Verantwortung dieser Elite beziehungsweise des Patron und nicht des Einzelnen, einen Konsens zwischen den Interessen der verschiedenen Individuen und Gruppen zu finden. Der Einzelne gibt die Verantwortung nach oben in die Hierarchie ab. Die Legitimität der Machtausübung sowie die damit verbundene Entscheidungsgewalt durch die französischen Manager (bzw. im Staat durch die Beamten) werden dabei durch ihre weitgehende Herkunft aus den Grandes Ecoles verstärkt. Trotz einiger Kritik findet die Elitenbildung durch die Grandes Ecoles in der französischen Bevölkerung breite Akzeptanz, da sie dem Prinzip der »raison« entspricht und durch einen (zumindest nach außen) höchst rationalen Selektionsmechanismus die zur Führung erforderliche Elite ausfiltert (Ammon, 1994). Des Weiteren liegt die soziale Aufwertung der geistigen, planend-leitenden Arbeit gegenüber der manuell-technischen, ausführenden Tätigkeit im descartesschen Rationalismus begründet.

Als weiterer Einflussfaktor für die Herausbildung der Autoritätsorientierung in Frankreich ist der Katholizismus zu nennen. Frankreich gehört zu den beinahe vollständig katholischen Ländern, in denen die Reformation keinen fortwährenden Einfluss ausüben konnte. Durch die Prädestinationslehre der katholischen Kirche, in der jeder in der Gesellschaft seinen ihm von Gott zugewiesenen Platz einnimmt, stützte sie das System der höfischen Gesellschaft und bot somit eine Legitimationsgrundlage für die bestehende hierarchische Ordnung. Obwohl im Rahmen der französischen Aufklärung die Kirche als Stütze der königlichen Herrschaft als erste angegriffen wurde und außerdem Kirche und Staat streng voneinander getrennt wurden, manifestierten sich die Werte des katholischen Traditionalismus in der französischen Bevölkerung weiterhin. Im Gegensatz dazu nahm die Administrationselite eine laizistische Haltung ein und wurde vielmehr durch den descartesschen Rationalismus und die »raison« geprägt.

Von der katholischen Kirche wird zwar Arbeit als Pflichterfüllung für die von Gott gewollte Position in der Gesellschaft akzeptiert, allerdings wird eigenes Streben nach mehr Reichtum und Erfolg abgelehnt. Dadurch wurde seitens der Kirche die Motivation der Bürger zu verstärkter ökonomischer Initiative von vornherein eingeschränkt und nur Bescheidenheit sowie Zufriedenheit innerhalb der gesellschaftlichen Gruppe galten als erstrebenswert. Der katholische Traditionalismus setzt sich in der französischen Gesellschaft fest und wirkt bis in die Gegenwart hinein. Er stützt nicht nur die hierarchische Ordnung, sondern auch die ökonomische Passivität der Bürger und bildet somit die Basis für ein ausgeprägtes Autoritätsbewusstsein.

Ein weiterer Einflussfaktor in Zusammenhang mit dem Kulturstandard »Autoritätsorientierung« ist im französischen Gesellschaftsrecht zu sehen. Denn Autoritätsverständnis ergibt sich zum einen aus dem in dem jeweiligen Unternehmen angewandten Führungsstil und zum anderen aus der Unternehmensorganisation. Die »S. A. de type traditionel« (klassische Aktiengesellschaft) ist bis heute die bei weitem beliebteste und verbreitetste Unternehmensrechtsform, da sie dem französischen Führungsverständnis am ehesten entspricht. Dabei ist der aus dem französischen Gesellschaftsrecht resultierende Führungsanspruch nahezu uneingeschränkt und die Macht im Unternehmen wird auf eine Person übertragen, den PDG. Der »conseil d'administration« (Verwaltungsrat) einer S. A. (Aktiengesellschaft) entspricht gleichzeitig dem deutschen Vorstand und Aufsichtsrat. Der Verwaltungsrat beauftragt einen »président directeur général«, der sowohl über Ausführungs- als auch Kontrollfunktion verfügt. Dadurch, dass er allein entscheidet, finden Abstimmungen nur sehr selten statt. Alles andere würde als Führungsschwäche angesehen. Das Prinzip der »Gewaltenteilung«, auf dem die Rechtsform der deutschen Aktiengesellschaft aufbaut, entspricht nicht dem französischen Führungsverständnis und wird auch stark kritisiert. Dieser institutionelle Hintergrund ist in zweierlei Hinsicht von Interesse. Einerseits ist er ein identifizierbares Produkt des französischen Wertesystems und andererseits bildet er zugleich den strukturierenden Rahmen, in dem die französische Kultur wirkt. Somit zeigt der institutionelle Rahmen, wie sich die französische Beziehung zur Macht niederschlägt, und auch, wie diese Auffassungen von hierarchischen Beziehungen reproduziert werden (vgl. Davoine, 2002).

Des Weiteren beeinflusst auch die Personenorientierung (siehe Themenbereich 2) die Autoritätsorientierung, was sich im gegenseitigen Umgang und auch in der weit verbreiteten Kombination von Siezen mit dem Gebrauch des Vornamens zeigt. Die Franzosen erachten diese Form der Anrede als ideale Dosierung, da sowohl der Hierarchie- als auch der Beziehungsaspekt berücksichtigt werden. Der Aufbau und die Pflege einer persönlichen Beziehung zwischen dem Vorgesetzten und den Mitarbeitern tragen dazu bei, dass die Machtbalance zwischen ihnen nicht aus dem Gleichgewicht gerät. Denn trotz der hierarchischen Machtverteilung in Frankreich ist auch dort der Chef in gewisser Hinsicht von seinen Angestellten abhängig. Darauf wird im Zuge der Beschreibung der Kulturstandards »Flexibilität« (Themenbereich 5) und »Dynamischer Entscheidungsprozess« (Themenbereich 4) näher eingegangen.

convention
PLANNERER

Themenbereich 4: Dynamischer Entscheidungsprozess

Beispiel 11: Preisverhandlung

Situation

Herr Braun ist seit einiger Zeit in der Pariser Filiale einer großen, internationalen Autovermietung tätig. Vor kurzem wurden mit einem Lieferanten die Preise für eine neue Software verhandelt, die in den Standorten eingesetzt werden soll. Nach einiger Diskussion einigte man sich auf einen Preis. Bei der internen Nachbesprechung des Treffens sagt sein französischer Chef, der im Meeting den Preis mit abgesegnet hatte, dass man den Preis natürlich nicht akzeptieren könne, weil er viel zu hoch sei. Alle Beteiligten inklusive Herrn Braun hatten aber der Preisabsprache zugestimmt. Dann ruft sein Chef den Lieferanten an und erklärt ihm, dass dieser ihnen zwar schon sehr entgegengekommen sei, aber der Preis leider immer noch nicht ins Budget passe. Der Lieferant erklärt sich durchaus bereit, bei einem weiteren Treffen die Angelegenheit noch einmal zu diskutieren. Herr Braun ist über die Verhaltensweise seines Chefs sehr erstaunt.

Warum verhält sich Herrn Brauns Chef so?

- Lesen Sie nun die Antwortalternativen nacheinander durch.
- Bestimmen Sie den Erklärungswert jeder Antwortalternative für die gegebene Situation und kreuzen Sie ihn auf der darunter befindlichen Skala an. Es ist möglich, dass mehrere Antwortalternativen den gleichen Erklärungswert besitzen.

Deutungen

a) Preisverhandlungen werden in Frankreich nur zum Schein in Meetings und öffentlichen, formalen Diskussionen geführt. Der tatsächliche Preis wird hinter den Kulissen im Zweiergespräch zwischen den Chefs vereinbart.

sehr zutreffend	eher zutreffend	eher nicht zutreffend	nicht zutreffend

b) Nur aus Sicht des noch neuen Herrn Braun sieht das alles so aus, als habe man sich bereits auf einen Preis geeinigt, während die anderen Beteiligten die getroffene Preisabsprache vielmehr als eine erste Etappe im Verhandlungsprozess ansehen.

sehr zutreffend	eher zutreffend	eher nicht zutreffend	nicht zutreffend

c) Der französische Chef weiß schon vorher, dass der vereinbarte Preis zu hoch ist, er will aber den Lieferanten vor all den anderen, die an der Entscheidungsfindung beteiligt waren, nicht bloßstellen.

sehr zutreffend	eher zutreffend	eher nicht zutreffend	nicht zutreffend

d) Französische Chefs lieben es, auf diese Weise ihre Macht zu demonstrieren, indem sie sich nicht an getroffene Entscheidungen gebunden fühlen, sondern diese im Alleingang revidieren.

sehr zutreffend	eher zutreffend	eher nicht zutreffend	nicht zutreffend

- Versuchen Sie, Ihre Einstufung jeder Antwortalternative zu begründen. Halten Sie die Begründung in schriftlicher Form stichpunktartig fest.
- Lesen Sie nun die Erläuterungen zu jeder Antwortalternative durch und vergleichen Sie diese mit Ihren eigenen Begründungen.

Bedeutungen

Erläuterung zu a):
Das offiziell angesetzte Meeting zur Diskussion des Preises für die Software hat schon einen ernsthaften Charakter, auch wenn hinter den Kulissen oft vorher schon die Preisspannen und mögliche Konzessionen erkundet werden und hinterher nur noch Details zwischen den verantwortlichen Chefs in kleiner Runde besprochen werden. Nur zum Schein vor internem Publikum Preisverhandlungen zu führen, macht keinen Sinn. Dazu würde sich auch kein französischer Chef hergeben. Eher würde er dann überhaupt kein Meeting ansetzen oder einen Stellvertreter schicken.

Erläuterung zu b):
Tatsächlich neigen Deutsche dazu, Ergebnisse, die nach ausführlichen Diskussionen verbunden mit zustimmenden Bemerkungen der Partner zustande kommen, als ein festes und unverrückbares Resultat anzusehen, an dem sich die weiteren Schritte in der Zusammenarbeit zu orientieren haben. So erklärt sich in dieser Situation auch die Verwunderung bei Herrn Braun. Seinen französischen Kollegen und dem Chef sowie dem Lieferanten hingegen ist bewusst, dass die getroffenen Vereinbarungen nur eine geringe Verbindlichkeit besitzen und gewissermaßen als Zwischenergebnis und Basis für weitere Verhandlungen dienen.

Erläuterung zu c):
Es ist tatsächlich sinnvoll, einen Partner, mit dem man kooperieren will, nicht vor anderen bloßzustellen. Andererseits weiß aber jeder, der an Preisverhandlungen beteiligt ist, dass es dabei nicht nur um Freundlichkeiten geht, sondern um ökonomische Interessen, bei denen jeder bemüht ist, für sich das Beste aus der Situation herauszuholen. Deshalb kann man davon ausgehen, dass auch der Zulieferer versteht, seine Macht- und Einflussmöglichkeiten zu nutzen. Außerdem ist es allgemein üblich, mit höheren Preisforderungen in Verhandlungen zu gehen, um ein ausreichendes Maß an Flexibilität in den Preisverhandlungen zeigen zu können. Es ist deshalb fraglich, ob das Verhalten des französischen Chefs allein durch eine gesichtswahrende Handlung gegenüber dem Lieferanten erklärt werden kann.

Erläuterung zu d):
Diese Deutung ist nicht ganz von der Hand zu weisen. Wenn sich viele am Entscheidungsfindungsprozess beteiligten Personen bemüht haben, eine angemessene Preisvereinbarung zu erreichen, die dann allerdings im Nachhinein vom Chef gekippt wird und er es schafft, einen deutlich niedrigeren Preis durchzusetzen, hat er damit natürlich seine Macht und sein Ansehen vor allen Beteiligten zum Ausdruck gebracht und gefestigt. Unter Umständen haben aber französische Manager sowieso das letzte Wort, so dass eine solche Aktion nicht unbedingt allein der Machtdemonstration dienen muss, sondern noch andere Beweggründe eine Rolle spielen. Möglicherweise ist eine andere Deutung zutreffender.

Lösungsstrategie

In allen Kulturen haben sich spezifische Verhandlungskulturen herausgebildet, die voneinander deutlich abweichen. Selbst geographisch benachbarte Länder wie Deutschland und Frankreich unterscheiden sich hier beträchtlich. In Deutschland gilt die Regel »Gesagt ist gesagt; beschlossen ist beschlossen« und danach haben sich alle zu richten. Wo käme man hin, wenn jeder nach ausführlicher Diskussion und Beschlussfassung wieder alles in Frage stellt. Das würde das Vertrauen in die Seriosität der Gespräche untergraben und das Gesprächsklima verderben. Die Gesprächspartner gewönnen den Eindruck, nur Statisten in einem mehr oder weniger nutzlosen Spiel zu sein.

In Frankreich dienen Gespräche der geschilderten Art dazu, die Positionen der Verhandlungspartner kennen zu lernen, zu erfahren, in welche Richtung die beteiligten Personen denken, und sich offiziell zu äußern sowie unterschiedliche Positionen abzuklären. Allen Beteiligten ist klar, dass bei solchen Preisverhandlungen noch nicht das letzte Wort gesprochen ist und Verhandlungen eher einen fortlaufenden und über den fixierten Besprechungstermin hinausgehenden Entwicklungs- und Entscheidungsprozess darstellen. Mehr oder weniger verbindliche Zustimmungen während und nach einem solchen Verhandlungsmeeting haben nur eine relativ geringe Verbindlichkeit, da jeder der Partner weiß, dass die

Schmerzgrenzen noch keineswegs erreicht sind und das eine oder andere noch herauszuholen ist. Dementsprechend werden Preisvereinbarungen dieser Art eher als Zwischenergebnis und als Basis für weitere Verhandlungen angesehen.

Herr Braun sollte sich bewusst sein, dass in Frankreich eine andere Verhandlungskultur praktiziert wird als in Deutschland, die womöglich mehr Zeit in Anspruch nimmt und ein höheres Maß an persönlichem Engagement der verantwortlichen Führungskräfte erfordert. Zudem sollte er sich darüber im Klaren sein, dass Preisvereinbarungen nicht den Verbindlichkeitscharakter haben wie in Deutschland. Für Franzosen ist es selbstverständlich, dass Nachverhandlungen möglich sein müssen, wenn sich neue Aspekte im Zusammenhang mit der Erfüllung der vereinbarten Leistungen ergeben, die zum Zeitpunkt der Preisverhandlungen noch nicht absehbar waren. Da solche Veränderungen immer wieder auftreten, ist für die französischen Partner jede Preisvereinbarung mehr als Absichtserklärung aufzufassen denn als unumstößliches Gebot.

Herr Braun sollte die Verhandlungsgespräche mit der gebotenen Ernsthaftigkeit führen, wie er dies auch in Deutschland gewohnt ist, aber er sollte sich dabei auch immer im Klaren sein, dass sich das Geschäftsleben nicht nach diesen Vereinbarungen richtet, sondern nach den Gegebenheiten, die sich aus der Alltagsrealität ergeben. Er muss auch lernen, dass neue Preisvereinbarungen, die erst nach den im Meeting einstimmig gefassten Beschlüssen getroffen werden, kein Zeichen von Führungsschwäche oder mangelndem Verhandlungsgeschick der verantwortlichen Diskussionspartner sind, sondern eher eine Stärke, weil es ihnen gelungen ist, mit zusätzlichen Argumenten und Überzeugungskraft mehr herauszuholen, als es zunächst den Anschein hatte. Er tut gut daran, genau zu beobachten und damit zu lernen, wann Nachverhandlungen stattfinden, wer sie führt, wie sie geführt werden und in welchem Kontext sie stattfinden. So kann er Kompetenzen erwerben, mit denen er dann selbstständig in Frankreich Verhandlungen führen kann, die der französischen Verhandlungskultur gemäß sind.

Beispiel 12: Aufgabenteilung

Situation

Herr Meier arbeitet seit zwei Jahren als Softwareentwickler für einen großen deutschen Elektrokonzern in Frankreich. Sein Aufgabengebiet hat sich im Laufe der Zeit so vergrößert, dass er dieses allein nicht mehr bewältigen kann. In Übereinkunft mit seinem französischen Chef soll ein neuer Kollege, Herr Laurent, einen Teil seiner Aufgaben übernehmen. Herr Meier hatte mit seinem Chef Herrn Bordier mehrere Besprechungen, wie die Aufgaben untereinander aufzuteilen wären. Diese zogen sich in die Länge, da sein Chef immer wieder mit neuen Ideen kam, die dann jedoch wieder verworfen wurden. Das Aufgabengebiet, für das der Kollege Laurent dann eingesetzt wurde, war aber letztendlich ein vollkommen anderes, als er mit seinem Chef definiert hatte. Herr Meier versteht nicht, warum sein Chef das Aufgabengebiet des Kollegen zum Schluss doch anders festgelegt hat, als er es mit ihm in den Sitzungen beschlossen hatte.

Wie erklären Sie sich das Verhalten des Chefs?

- Lesen Sie nun die Antwortalternativen nacheinander durch.
- Bestimmen Sie den Erklärungswert jeder Antwortalternative für die gegebene Situation und kreuzen Sie ihn auf der darunter befindlichen Skala an. Es ist möglich, dass mehrere Antwortalternativen den gleichen Erklärungswert besitzen.

Deutungen

a) Der französische Chef, Herr Bordier, will Herrn Meier deutlich machen, dass er ihm zu Dank verpflichtet ist, wenn er nun eine Arbeitserleichterung durch die Einstellung von Herrn Laurent erhält.

sehr zutreffend	eher zutreffend	eher nicht zutreffend	nicht zutreffend

sehr zutreffend	eher zutreffend	eher nicht zutreffend	nicht zutreffend

b) Mit den vielen neuen Vorschlägen für den Arbeitseinsatz signalisiert der Chef Herrn Meier, dass er eine zusätzliche Kraft für völlig überflüssig hält.

sehr zutreffend	eher zutreffend	eher nicht zutreffend	nicht zutreffend

c) Der Chef legt das Aufgabengebiet von Herrn Laurent aufgrund von aktuellen Veränderungen anders fest, als er es mit Herrn Meier definiert hatte.

sehr zutreffend	eher zutreffend	eher nicht zutreffend	nicht zutreffend

d) Der Chef hat eine private Verbindung zu Herrn Laurent und ist deshalb verpflichtet, seinen Wünschen entgegenzukommen.

sehr zutreffend	eher zutreffend	eher nicht zutreffend	nicht zutreffend

- Versuchen Sie, Ihre Einstufung jeder Antwortalternative zu begründen. Halten Sie die Begründung in schriftlicher Form stichpunktartig fest.
- Lesen Sie nun die Erläuterungen zu jeder Antwortalternative durch und vergleichen Sie diese mit Ihren eigenen Begründungen.

Bedeutungen

Erläuterung zu a):
Die Einstellung neuer Mitarbeiter zur Erleichterung für die Arbeit altgedienter Mitarbeiter ist immer ein Problem und bedarf intensiver Überlegungen und Prüfung. Dabei geht es aber nicht darum, einem altgedienten Mitarbeiter einen Gefallen zu tun

und damit seine Dankbarkeit einzufordern, sondern um das Wohlergehen des Unternehmens und entsprechender ökonomisch sinnvoller Entscheidungen. Aus dem Beispiel ist nicht recht erkenntlich, warum der französische Chef ausgerechnet die Dankbarkeit von Herrn Meier herausfordert. Eine andere Deutung wird wohl zutreffender sein.

Erläuterung zu b):
Es gibt durchaus Kulturen, in denen es üblich ist, nur auf sehr indirektem Wege Ablehnung und Kritik zu formulieren. Ein hohes Maß an Indirektheit in der Kommunikation stößt bei Deutschen auf Irritation und Ablehnung. Nun zeigt sich im Beispiel, dass der französische Chef offensichtlich sehr bemüht ist, gemeinsam mit Herrn Braun ausgerechnet verschiedene Möglichkeiten der Aufgabenverteilung zu diskutieren. Das Für und Wider der Einstellung eines neuen Mitarbeiters oder überhaupt einer Aufgabenverteilung steht offensichtlich nicht zur Diskussion, diese Entscheidung scheint längst gefallen zu sein. Und insofern ist diese Deutung nicht recht zutreffend.

Erläuterung zu c):
Herr Bordier ist der Chef im Betrieb und nach französischer Unternehmenskultur hat er die alleinige Entscheidungsgewalt. Wenn sich aus seiner Sicht neue Gesichtspunkte bezüglich des Einsatzes von Herrn Laurent ergeben, dann ist er verpflichtet und berechtigt, dessen Einsatz zu ändern, und dazu bedarf es nicht der Absprache mit Herrn Meier, der aufgrund seiner Position keine so weitreichende Führungsverantwortung hat. Diese Begründung ist zutreffend.

Erläuterung zu d):
In einer solchen Situation ist es die Aufgabe eines Chefs, unter Wahrung der Gesamtinteressen des Unternehmens einerseits und der Fähigkeiten und Fertigkeiten sowie der Vorlieben des altgedienten Mitarbeiters Herrn Meier und des neu einzustellenden Herrn Laurent andererseits einen Weg zu finden, der eine optimale Aufgabenverteilung mit dem Ziel guter Zusammenarbeit aller beteiligten Personen ermöglicht. Es ist durchaus möglich, dass der französische Chef eine persönliche Beziehung zu Herrn Lau-

rent hat und sich deshalb verpflichtet fühlt, auch die Interessen von Herrn Laurent zu berücksichtigen. Aus der Beispielsituation geht jedoch nicht hervor, dass die für Herrn Meier so irritierende und neuartige Aufgabenverteilung auch tatsächlich allein auf die persönlichen Wünsche von Herrn Laurent zurückgeht, nach denen sich der französische Chef dann richtet. Es muss noch eine andere Deutung geben, die noch zutreffender ist.

■ Lösungsstrategie

Es ist erstaunlich, dass Herr Meier nach zwei Jahren Softwareentwicklerarbeit in dem deutschen Elektrokonzern in Frankreich, in dem französische Führungskräfte tätig sind, noch erstaunt ist über das Verhalten seines französischen Chefs. Vermutlich hat Herr Meier in diesen zwei Jahren die meiste Zeit für sich allein oder mit deutschen und französischen Mitarbeitern gearbeitet und noch wenig Erfahrung mit französischen Chefs gemacht.

Herr Bordier, der französische Chef von Herrn Meier, nimmt sich offensichtlich viel Zeit, um mit Herrn Meier über die Aufgabenverteilung des von ihm vorgeschlagenen neuen Mitarbeiters zu sprechen. Ihm hätte auffallen müssen, dass sein französischer Chef immer wieder mit neuen Ideen kommt, die er offensichtlich vorträgt, die aber mit denen von Herrn Meier nicht übereinstimmen, so dass mehrere Gespräche ergebnislos enden. Dies hätte ihn eigentlich schon stutzig machen müssen. Schließlich entscheidet der französische Chef, wie Herr Laurent einzusetzen ist, und Herr Meier stellt dann fest, dass dies überhaupt nicht dem entspricht, was in den Gesprächen mit seinem französischen Chef, Herrn Bordier, diskutiert und ihm als sinnvolle und effektive Arbeitsaufteilung vorgebracht wurde.

Aus einer genaueren Verlaufsanalyse der Gespräche, die er mit Herrn Bordier geführt hat, und einer kritischen Reflexion seiner eigenen Argumente im Vergleich zu den von seinem französischen Chef immer wieder eingebrachten neuen Ideen hätte Herr Meier erkennen können, dass sein französischer Chef aufgrund seines Überblicks über die Arbeitssituation und die Gesamtverantwortung des Unternehmens mit der von Herrn Meier vermutlich sachlich gut begründeten Aufgabenverteilung für Herrn Laurent nicht einverstanden sein kann, weil weitere Aspekte zu berücksichtigen sind, die er aber in den Gesprächen nicht expliziert. Auch wenn die neuen Ideen des Chefs in den Gesprächen zum Schluss immer wieder verworfen werden, so darf Herr Meier daraus nicht den Schluss ziehen, dass er sich mit seinen Argumenten durchgesetzt hat. Aus der Sicht des französischen Chefs hat dieser nicht nur die Begründungen von Herrn Meier entgegengenommen, sondern mit eigenen Vorstellungen verglichen und im Gespräch mit Herrn Meier analysiert und ist dann zu einem Ergebnis gekommen, das er verantworten kann und das ihm sinnvoll erschien.

Herr Meier wird lernen müssen, dass Franzosen sehr schnell bereit sind, einmal getroffene Entscheidungen wieder zu verändern und neue Entscheidungen zu treffen, wenn sich die Gegebenheiten und Umstände geändert haben. Im Unterschied zu Deutschen zeigt sich darin ein hohes Maß an Flexibilität und Veränderungsbereitschaft, weil sich nach französischen Vorstellungen die Welt nicht nach Entscheidungen richtet, sondern Entscheidungen den aktuellen Gegebenheiten gerecht werden müssen. Vieles, nahezu alles ist ständig im Fluss und jeder muss sehen, wie er damit zurechtkommt; starre Festlegungen sind dabei nur hinderlich. Dies zu verstehen und damit umzugehen, ist zweifelsohne eine nicht zu unterschätzende Herausforderung für einen deutschen Softwareentwickler in Frankreich, aber eine Notwendigkeit.

Beispiel 13: Spezifikation

Situation

Herr Fischer arbeitet seit einem Jahr als Softwareentwickler für einen großen deutschen Elektrokonzern in Toulouse. Vor kurzem wurde beschlossen, eine neue Softwarefunktionalität zu entwickeln, wobei es die Aufgabe von Herrn Fischer war, die technische Spezifikation dafür zu schreiben. Um zu ergründen, welche Elemente die Spezifikation auf jeden Fall enthalten muss, hat er mit seinen französischen Kollegen, die ihm hierarchisch gleichgestellt und auf diesem Gebiet kompetent sind, eine Vorbesprechung durchgeführt. Nachdem alle wichtigen Punkte erörtert und festgehalten wurden, verfasst Herr Fischer die Spezifikation, die er seinen Kollegen zum Korrekturlesen gibt. In einer abschließenden Besprechung sollen mögliche Kommentare und Verbesserungsvorschläge der Kollegen diskutiert werden. Wie sich aber herausstellt, hatten einige die Ausarbeitung gar nicht gelesen, sondern kamen mit vollkommen neuen Lösungen, die sie ausgiebig präsentierten. Herr Fischer ist irritiert, weil er davon ausgegangen ist, dass in dem Meeting nur noch Detailänderungen besprochen werden und nicht sein ganzes Konzept in Frage gestellt wird.

Warum verhalten sich Herrn Fischers französische Kollegen derart?

- Lesen Sie nun die Antwortalternativen nacheinander durch.
- Bestimmen Sie den Erklärungswert jeder Antwortalternative für die gegebene Situation und kreuzen Sie ihn auf der darunter befindlichen Skala an. Es ist möglich, dass mehrere Antwortalternativen den gleichen Erklärungswert besitzen.

Deutungen

a) Die französischen Kollegen nutzen die Besprechung als Plattform zum kreativen Ideen- und Gedankenaustausch und weniger, um über Details zu diskutieren.

sehr zutreffend	eher zutreffend	eher nicht zutreffend	nicht zutreffend

b) Die Ausarbeitungen von Herrn Fischer waren aus Sicht der französischen Kollegen so mangelhaft, dass sie sich gezwungen sahen, selbst eigene Lösungsmöglichkeiten zu entwickeln.

sehr zutreffend	eher zutreffend	eher nicht zutreffend	nicht zutreffend

c) Die französischen Kollegen hatten die qualifizierten Lösungsmöglichkeiten für die neue Softwarefunktionalität, die Herr Fischer ausgearbeitet hat, nicht verstanden. Diese fachlichen Defizite werden kaschiert, indem sie eigene Lösungen entwickeln und präsentieren.

sehr zutreffend | eher zutreffend | eher nicht zutreffend | nicht zutreffend

d) Den französischen Partnern von Herrn Fischer geht das, was er macht, alles viel zu schnell. Sie wollen sich noch ausführlicher und länger mit der neuen Softwarefunktionalität befassen.

sehr zutreffend | eher zutreffend | eher nicht zutreffend | nicht zutreffend

- Versuchen Sie, Ihre Einstufung jeder Antwortalternative zu begründen. Halten Sie die Begründung in schriftlicher Form stichpunktartig fest.
- Lesen Sie nun die Erläuterungen zu jeder Antwortalternative durch und vergleichen Sie diese mit Ihren eigenen Begründungen.

Bedeutungen

Erläuterung zu a):
Die französischen Kollegen von Herrn Fischer kennen aus der Vorbesprechung und den Zwischengesprächen schon seine Ideen und seine Ausarbeitung. Seinen Vorschlag sehen sie gewissermaßen als Ausgangspunkt für eine weiterführende Diskussion an und nutzen die anschließende Besprechung als Plattform, ihre eigenen Ideen zum Gesamtprojekt zu präsentieren. Zudem sind sie interessiert zu erfahren, was die anderen dazu beizutragen haben. Die von Herrn Fischer erhofften Verbesserungsvorschläge hinsichtlich seines Entwurfs spielen dabei keine Rolle mehr.

Erläuterung zu b):
Aus dem geschilderten Beispiel geht hervor, dass Herr Fischer seine französischen Kollegen, die mit ihm hierarchisch gleichgestellt sind und offensichtlich auch über fachliche Kompetenzen verfügen, nach ihrer Meinung bezüglich der Elemente der Softwarefunktionalität befragt, diese Ergebnisse festhält und sie schließlich nochmals mit den französischen Kollegen diskutieren und abstimmen möchte. Wenn diese Deutung zutreffen sollte, dann müssten sich die französischen Kollegen fragen, warum sie selbst in der ersten Diskussionsrunde so unqualifizierte Lösungsmöglichkeiten eingebracht haben, dass Herr Fischer zu einem so unbefriedigenden Ergebnis kommt. Insofern ist diese Deutung in sich widersprüchlich.

Erläuterung zu c):
Diese Deutung geht auf die bemerkenswerte Tatsache ein, dass die französischen Kollegen die Ausarbeitungen von Herrn Fischer gar nicht intensiv genug gelesen haben, und unterstellt nun, dass dies geschah, weil sie die Ausarbeitung nicht verstehen konnten. Im Beispiel wird aber geschildert, dass die Herrn Fischer gleichgestellten Kollegen über entsprechende Softwarekenntnisse verfügen, die sie qualifizieren, an der Entwicklung einer neuen Softwarefunktionalität teilzunehmen. Wenn die französischen Kollegen von Herrn Fischer wirklich so unqualifiziert gewesen wären, dass sie seine Ausarbeitungen nicht verstehen konnten, ist nicht recht nachvollziehbar, wieso sie dann in der Lage sind, neue Lösungsmöglichkeiten zu entwickeln und zu präsentieren. Hier gibt es einen nicht aufgelösten Widerspruch zwischen der Deutung und dem, was in der Situation geschildert wird.

Erläuterung zu d):
Es gibt in Unternehmen Arbeitsvorgänge, bei denen es sinnvoll ist, sich viel Zeit zu lassen, um optimale Lösungen zu entwickeln. Es gibt auch Kulturen, in denen die Menschen dazu neigen, die Wichtigkeit von Aufgabenstellungen dadurch besonders hervorzuheben, dass sie sich lange und ausgiebig mit Lösungsmöglichkeiten beschäftigen. Im vorliegenden Fall deutet aber nichts da-

rauf hin, dass den französischen Mitarbeitern etwas daran gelegen ist, die Diskussion um die Entwicklung der neuen Softwarefunktionalität etwa in die Länge zu ziehen, nur um Zeit zu schinden oder um die Wichtigkeit ihrer Arbeit zu betonen, denn dann hätten sie sich eben mehr Zeit mit der Lektüre der Ausarbeitungen von Herrn Fischer nehmen können. Stattdessen haben sie – wie geschildert – die Ausarbeitungen zum Teil nicht oder nicht genau genug gelesen und entwickeln stattdessen eigene Lösungsmöglichkeiten, die sie präsentieren und zur Diskussion stellen, nachdem sie vorher Zeit genug hatten, Herrn Fischer zu informieren. Es muss eine zutreffendere Deutung geben.

Lösungsstrategie

Herr Fischer hat in diesem Fall sicherlich viel richtig gemacht. So hat er seine französischen Kollegen von Anfang an mit in seine Arbeit einbezogen, indem er mit ihnen besprochen hat, welche Elemente der Spezifikation auf jeden Fall in der neuen Software enthalten sein müssen. Sie haben in der Vorbesprechung vermutlich alle Aspekte vorgetragen und diskutiert, die dazu notwendig sind. Auf diese Weise sind alle über sein Projekt gut informiert und jeder hat das gute Gefühl, etwas zum Gelingen beigetragen zu haben. Seine Kollegen vor der Abschlussbesprechung zum Korrekturlesen einzusetzen, ist aus Sicht von Herrn Fischer gut verständlich, da er die Qualität seiner Ausarbeitung noch steigern möchte.

Auf seine Bitte, in der abschließenden Besprechung Kommentare und Verbesserungsvorschläge zu seinen Ausarbeitungen vorzutragen, gehen die französischen Kollegen überhaupt nicht ein, sondern nutzen die Gelegenheit, sich selbst zu präsentieren, ihre Kreativität zu demonstrieren und sich über das zu informieren, was die anderen zu dem Gesamtprojekt zu sagen haben. Aus ihrer Sicht dient die Besprechung als Kommunikations- und Diskussionsforum. Kommentare und detaillierte Verbesserungsvorschläge kann man im Einzelgespräch einholen. Hier geht es darum, zu der grundsätzlichen Idee und zum Grobkonzept Meinungen und Ideen einzuholen, zu präsentieren und miteinander zu vergleichen.

Wenn Herr Fischer aufmerksam zuhört, was seine Kollegen in die Diskussion einbringen, wird er sicherlich aus ihren Bemerkungen Hinweise für Verbesserungsvorschläge heraushören können, auch wenn seine Kollegen dabei nicht direkt Zeile für Zeile und Punkt für Punkt auf seine Ausarbeitungen eingehen. Herr Fischer sollte sich seine Enttäuschung nicht anmerken lassen, sondern selbst aktiv in das Geschehen eingreifen und aus seiner Sicht zwar nicht auf Details beharren, aber auf einer mittleren Abstraktionsebene den einen oder anderen Punkt kontrovers zur Diskussion stellen, über den er sich selbst noch nicht im Klaren ist oder wo ihm noch die nötige Sicherheit fehlt. So kann er aus einer solchen Abschlussbesprechung viele interessante Ideen mitnehmen, seine Kollegen näher kennen lernen, seinen Horizont im Bezug auf weitere Möglichkeiten der Problemlösung erweitern und erreichen, dass die französischen Kollegen ihn als vollwertigen Gesprächs- und Kooperationspartner kennen lernen und akzeptieren.

Beispiel 14: Der neue Einfall

Situation

Herr Angerer ist als Standortleiter für eine große internationale Autovermietung in Paris tätig. Für ein großes Projekt mit einem deutschen Telekommunikationsanbieter laufen seit Wochen die Verhandlungen, in die Herr Angerer aber nicht direkt involviert ist. Eines Tages erhält er unerwartet einen Anruf von dem Projektleiter der deutschen Seite, Herrn Schulz. Dieser schildert Herrn Angerer frustriert, dass die Verhandlungen sehr schlecht laufen und man nicht vorankommt, weil sich folgende Problematik ständig wiederholt: Die deutsche Delegation reist mit den Verantwortlichen aller beteiligten Abteilungen an und es werden gemeinsam mit zwei französischen Vertretern Entscheidungen über das weitere Vorgehen getroffen. Wieder in Deutschland, erhalten sie dann von der französischen Seite am nächsten Tag einen Anruf immer mit folgendem Tenor: »Uns ist da noch etwas eingefallen. Da sollten wir noch einmal darüber reden.« Auch

Herr Angerer kann es sich nicht erklären, warum seine französischen Mitarbeiter getroffene Entscheidungen immer wieder revidieren und damit das Projekt in Gefahr bringen.

Wie erklären Sie sich das Verhalten der französischen Seite?

- Lesen Sie nun die Antwortalternativen nacheinander durch.
- Bestimmen Sie den Erklärungswert jeder Antwortalternative für die gegebene Situation und kreuzen Sie ihn auf der darunter befindlichen Skala an. Es ist möglich, dass mehrere Antwortalternativen den gleichen Erklärungswert besitzen.

Deutungen

a) Die französischen Teilnehmer versuchen nun schon seit Wochen leider vergeblich, ihren deutschen Partnern »durch die Blume« deutlich zu machen, dass sie kein Interesse an der Weiterführung des Projekts haben, da sie einen besseren Partner gefunden haben.

sehr zutreffend	eher zutreffend	eher nicht zutreffend	nicht zutreffend

b) Es gibt eine seit langem existierende Rivalität zwischen den deutschen und den französischen Mitarbeitern in der Firma. Jede Gelegenheit wird ausgenutzt, um sich selbst als besonders leistungsfähig darzustellen. Keiner ist mit dem einverstanden, was die andere Seite entscheidet.

sehr zutreffend	eher zutreffend	eher nicht zutreffend	nicht zutreffend

c) Die Verhandlungen über das weitere Vorgehen sind komplex und die französischen Teilnehmer finden immer wieder neue Aspekte, die noch zu bedenken sind, um keine Fehler zu begehen und zeitraubende Versäumnisse zu vermeiden.

sehr zutreffend	eher zutreffend	eher nicht zutreffend	nicht zutreffend

d) Die französischen Teilnehmer an den Sitzungen können so schlecht Englisch/Deutsch, dass sie überhaupt nicht mitbekommen haben, dass es hier um Entscheidungen geht.

sehr zutreffend	eher zutreffend	eher nicht zutreffend	nicht zutreffend

- Versuchen Sie, Ihre Einstufung jeder Antwortalternative zu begründen. Halten Sie die Begründung in schriftlicher Form stichpunktartig fest.
- Lesen Sie nun die Erläuterungen zu jeder Antwortalternative durch und vergleichen Sie diese mit Ihren eigenen Begründungen.

Bedeutungen

Erläuterung zu a):
Die Franzosen bedienen sich oft einer indirekten Kommunikation, aber in dem Beispiel heißt es, dass die Verhandlungen schon seit Wochen laufen. Hier ist davon auszugehen, dass die französischen Vertreter, falls sie kein Interesse an weiteren Verhandlungen gehabt hätten, sich nicht über so lange Zeit unnötigerweise mit ihren deutschen Partnern immer wieder getroffen und ausgiebig diskutiert hätten. Eine andere Deutung wird wohl zutreffender sein.

Erläuterung zu b):
Rivalitäten zwischen Abteilungen und deren Vertretern, besonders dann, wenn sie unterschiedlichen Nationen angehören, gibt es immer wieder. Informationen werden zurückgehalten, Verhandlungen in die Länge gezogen, Entscheidungen nicht befolgt, Verabredungen nicht eingehalten oder es wird versucht, die eigene Leistungsfähigkeit durch Einbringen neuer Aspekte besonders herauszustreichen. Im vorliegenden Fall sind aber die Diskussionen bereits abgeschlossen und Entscheidungen getroffen worden, und zwar einvernehmlich, jedenfalls so übereinstimmend, dass die deutsche Delegation mit der Sicherheit abreist, dass nun alle Probleme geklärt sind. Von Rivalitäten ist außerdem in der

Situationsschilderung nicht die Rede, sondern von einer Wiederaufnahme der Verhandlungen, nachdem Entscheidungen bereits getroffen sind. Es muss also einen anderen Grund geben.

Erläuterung zu c):
Schwierige, zur Lösung anstehende Probleme müssen entsprechend ihrer Komplexität ausführlich und differenziert diskutiert werden. Dabei können sich die entsprechenden Teambesprechungen oder Verhandlungen mit den beteiligten Partnern sehr in die Länge ziehen, Tage und Wochen dauern. Für Deutsche ist dies nicht ungewöhnlich, weil eine solch intensive Beschäftigung mit dem zur Diskussion stehenden Sachverhalt dazu führt, dass alle Argumente zusammengetragen werden, der Sachverhalt von verschiedenen Perspektiven aus analysiert und betrachtet wird, eine Abwägung verschiedener Möglichkeiten der Problemlösung diskutiert wird; dies alles mit dem Ziel, möglichst genau, sachgerecht und detailliert den Kern des Problems zu erfassen. Erst wenn dies erledigt ist, sind deutsche Verhandlungspartner bereit, eine Entscheidung herbeizuführen, die dann aber auch für das weitere Vorgehen verbindlich ist. Für Franzosen hat jede gut vorbereitete Entscheidung, besonders wenn sie auch noch übereinstimmend getroffen ist, eine durchaus ernst zu nehmende Verbindlichkeit. Wenn aber nach der Entscheidung bei der Reflexion des Geschehens oder bei Auftauchen neuer Aspekte ein weiterer Diskussions- und Verhandlungsbedarf entsteht, haben Franzosen keine Hemmungen, erneut darüber zu diskutieren und die einmal getroffene Entscheidung zu modifizieren, zu revidieren und eventuell mit den Verhandlungen erneut zu beginnen. Ihnen ist eine möglichst allen Aspekten gerecht werdende Lösung des Problems wichtiger, als an einer einmal getroffenen Entscheidung »sklavisch« festzuhalten. Das Wiederinfragestellen der Gültigkeit einer Entscheidung, mit neuen Argumenten untermauert und neuen Aspekten angereichert, gilt auf französischer Seite zudem als eine besonders anerkennenswerte Weise, engagiert und kreativ mit Problemstellungen umzugehen. Genau dies aber irritiert deutsche Verhandlungspartner, weil sie das Gefühl haben, mit ihren Bemühungen, eine sachgerechte Entscheidung herbeigeführt zu haben, nicht ernst genommen zu werden, weil Aspekte

und Gesichtspunkte nachgereicht werden, die genauso gut in die Diskussion hätten eingebracht werden können.

Erläuterung zu d):
Es kann schon vorkommen, dass mangelhafte Fremdsprachenkenntnisse Verhandlungen erschweren, und zwar so, dass bestimmte Personen Äußerungen, die eigentlich klar und eindeutig sind, missverstehen und nicht mitbekommen, wann bestimmte Vorgänge entscheidungsreif sind oder dass überhaupt für den anderen Partner die Zeit gekommen ist, Entscheidungen zu treffen. In dem hier diskutierten Fall hätte aber nach einer mehrwöchigen Verhandlungsrunde, an der offensichtlich alle regen Anteil genommen haben, auffallen müssen, dass Sprachschwierigkeiten zu Verzögerungen führen, wenn solche von entscheidender Bedeutung sind. Sprachliche Missverständnisse oder Fremdsprachendefizite sind, wenn sie hier wirklich der Grund wären, so offensichtlich, dass sie hätten auffallen müssen und Gegenstand entsprechender Diskussionen oder personeller Veränderungen geworden wären. Es muss ein anderer Grund vorliegen.

Lösungsstrategie

Herr Angerer und Herr Schulz sollten sich, wenn die mit französischen Partnern zusammenarbeiten, darauf einstellen, dass Entscheidungen nur vorläufig und zeitlich begrenzt verbindlich sind und zu jeder Zeit durch neue Argumente, Gesichtspunkte, durch Perspektivenwechsel und Einflussnahmen von höherer Stelle revidiert werden können. Sie sollten sich darüber im Klaren sein, dass die Revision von Entscheidungen aus französischer Sicht kein Zeichen für Schwäche ist oder als unnötiges Aufhalten der in Gang zu setzenden Lösungsschritte darstellt, sondern als ein positives Zeichen für Engagement, Verantwortungsbewusstsein und Kreativität gewertet wird. Sie sind gut beraten, wenn sie die neu eingebrachten Argumente auf ihre Stichhaltigkeit hin prüfen, signalisieren, dass sie für eine Übernahme dieser Argumente offen sind, falls es ihnen sachlich gerechtfertigt erscheint, und dass sie eventuell auch zu mehr oder weniger umfangreichen Revisionen der getroffenen Entscheidung bereit sind, selbst wenn dadurch ein zusätzliches Treffen erforderlich wird und die Lösungsschritte sich verzögern. Die französischen Partner erwarten eine solche Kooperationsbereitschaft und nur dann, wenn diese Erwartungen erfüllt werden, ist damit zu rechnen, dass eine allseits akzeptierte Problemlösung zustande kommt.

Hintergrundinformationen zu »Dynamischer Entscheidungsprozess«

Franzosen fassen die Entscheidungsfindung als einen Prozess auf, bei dem getroffene Entscheidungen ständig überdacht und der aktuellen Sachlage angepasst werden.

Prozesshafter Charakter bei Entscheidungen, Vereinbarungen und Plänen

Da in französischen Unternehmen sowohl die Entscheidungsbefugnisse als auch die Verantwortung beim Patron beziehungsweise bei den jeweiligen Vorgesetzten liegen, legen diese auch die Richtung, das Ziel und den Rahmen bei einer neuen Konzeption fest. Die Ausführung wird den Mitarbeitern beziehungsweise Cadres überlassen, die mit ihrer fachlichen Kompetenz die Verhandlungen führen und schließlich verschiedene Lösungsalternativen oder -vorschläge ausarbeiten. Bei der Erarbeitung ihrer Entscheidungsalternativen erwarten die Angestellten viel Freiraum. Die letztendliche Entscheidung liegt wieder beim Patron oder Vorgesetzten. Entsprechend führen Verhandlungen deutscher Manager mit französischen Partnern der gleichen Hierarchiestufe oftmals zu keinem Ergebnis. Denn Ziel der französischen Seite ist es nicht, mit einer konkreten Vereinbarung aus der Sitzung zu kommen, sondern ein Bild der deutschen Position sowie möglicher Problempunkte zu machen. Hieraus erarbeiten die französischen Angestellten Lösungsansätze, die sie anschließend dem Vorgesetzten zur Entscheidung vorlegen. Die Phase der Entscheidungsfindung vollzieht sich in Frankreich, da die

Entscheidung von oben verkündet wird, wesentlich schneller als in Deutschland, wo die Mitarbeiter in stärkerem Maße in diesen Prozess mit einbezogen werden. Typisch für Frankreich ist in diesem Zusammenhang, dass die getroffenen Entscheidungen jederzeit in Frage gestellt werden können, was auch für Vereinbarungen, Pläne und so weiter gilt. Entscheidungen werden als ein Prozess angesehen, in den ständig neue Elemente einfließen können, um die Qualität zu verbessern. Und da die Verbesserung als wichtiger erachtet wird als vorher getroffene Vereinbarungen, werden diese als wenig verbindlich angesehen. Vereinbarungen und Abmachungen sind also nicht gleichbedeutend mit unverrückbaren Entscheidungen, sondern stellen vielmehr eine Etappe im Problemlösungsprozess dar und sind daher veränderbar. So ist es üblich, getroffene Entscheidungen ständig zu überdenken, kontinuierlich aktuelle Veränderungen sowie neue Gesichtspunkte in den Lösungsprozess mit einzubeziehen und die Entscheidung entsprechend der aktuellen Sachlage anzupassen. Ebenso werden zu jedem Zeitpunkt neue Lösungswege beziehungsweise -ansätze in Betracht gezogen und auch berücksichtigt, sofern sie dem Chef oder dem Vorgesetzten als sinnvoll oder geeignet erscheinen. Zudem wird es als Vorteil angesehen, wenn nicht nur Fachspezialisten, sondern auch Fachfremde oder -benachbarte die Diskussion befruchten. Um in der Lage zu sein, die richtigen Entscheidungen treffen zu können und unter Umständen neue Anweisungen zu geben, halten die Entscheidungsträger regelmäßig Rücksprache mit ihren Angestellten und wollen beziehungsweise müssen zudem über jeden Arbeitsschritt sowie über alle Vorgänge informiert sein.

Dissensorientierung bei Meetings und Besprechungen

In Frankreich dienen Meetings in erster Linie dem Informations- und Gedankenaustausch und dem Klären von Rahmenbedingungen. Sitzungen bieten die Möglichkeit, dass jeder seine Meinung äußern kann, ohne dass am Ende stets ein konkreter Beschluss gefasst werden muss. Die Tagesordnung – falls überhaupt vorhanden – wird als Anregung zum Diskutieren gesehen, soll jedoch keinesfalls Punkt für Punkt abgehandelt werden. Die Tagesordnungspunkte dienen nur der groben Orientierung. Im Vordergrund steht hingegen, dass die Franzosen die Möglichkeit besitzen, flexibel in ihrer Argumentation auf die verschiedenen Ideen und Vorschläge eingehen zu können. Dem Dissens, das heißt dem Herausstellen unterschiedlicher Meinungen, kommt insgesamt eine besondere Rolle zu. Er stellt angesichts der Paradoxa starker Hierarchien und weiter Netzwerke einen französischen Weg der Konfliktbearbeitung ebenso wie der kreativen Lösungsfindung dar (vgl. Demangeat u. Molz, 2003). Insbesondere wird der Dissens von Franzosen dann ausgelebt, wenn die Beziehungen bereits auf einer soliden Basis stehen. Andernfalls werden die Möglichkeiten der impliziten und indirekten Kommunikation (vgl. Themenbereich 1: Indirekter Kommunikationsstil) ausgeschöpft.

An dieser Stelle sei auch auf die unterschiedliche Bedeutung der Wörter »Konzept« und »concept« hingewiesen. Während auf deutscher Seite damit ein ausgearbeiteter Plan oder Entwurf verbunden wird, verstehen Franzosen darunter eher eine grobe Idee und stellen sich auf einen lockeren Gedankenaustausch beziehungsweise auf eine Diskussion kreativer Ideen ein.

Da die Mitarbeiter oder Cadres bei Entscheidungen nicht das letzte Wort haben, versuchen sie, ihre Ideen im Vorfeld einer Entscheidungsfindung, vor allem in Besprechungen, so ausführlich wie nur möglich einzubringen. Das Meeting wird als eine Arena angesehen, in der jeder versucht, sich zu profilieren und eigene Ideen aufzuzeigen. Ziel ist es, die eigene Position im Unternehmen zu stärken, weswegen auch Informationen nicht an die Gruppe, sondern eher selektiv weitergegeben werden. Die beruflichen Beziehungen beruhen daher oftmals mehr auf Konkurrenz als auf Zusammenarbeit. Am Ende einer Besprechung ist der französische Chef beziehungsweise Vorgesetzte in der schwierigen Lage, allein einen Konsens zu finden, indem er die Vorschläge eines jeden Mitarbeiters mehr oder weniger berücksichtigt. Allerdings beschränkt sich der Informationsaustausch nicht auf die Besprechung, sondern wird vor allem vorher oder nachher auf informellem Wege weitergeführt. Der Prozess der Entscheidungsfindung vollzieht sich ebenso hauptsächlich auf diesem Wege und nicht im Meeting. Französische Besprechungen dienen also dem Ideen- und Gedankenaustausch sowie der Verkündung von Entscheidungen und sind weniger der Ort, an dem Entscheidungen getroffen werden.

In Zusammenhang mit Verhandlungen sei noch auf einen weiteren Aspekt hingewiesen. Bei Verhandlungen begegnet die französische Seite den Partnern in der Regel mit »gesundem Misstrauen«, da sie sich zum einen bewusst ist, dass getroffene Vereinbarungen jederzeit wieder geändert werden können, und zum anderen ihrer Ansicht nach für jeden nur der eigene Vorteil im Vordergrund steht. Dementsprechend ist für den erfolgreichen Verlauf von Verhandlungen der Aufbau einer Vertrauensbasis von zentraler Bedeutung.

Abschließend sei noch auf den französischen Vortrags- beziehungsweise Präsentationsstil hingewiesen. Die Vorträge von Franzosen sind ausgeklügelte Elaborate, versehen mit literarischen und historischen Anspielungen. Auf Umwegen nähert man sich behutsam dem eigentlichen Thema und drückt sich bisweilen eher vage aus. Großer Wert wird auf die Originalität eines Vortrags sowie seine geistreiche Präsentation gelegt und weniger auf die Vermittlung bloßer Zahlen und Fakten. Stilistische und rhetorische Fähigkeiten werden in diesem Zusammenhang gegenüber dem Inhalt favorisiert. Originelle, neue Ideen, auch wenn sie etwas oberflächlich oder absurd erscheinen mögen, werden von Franzosen geschätzt, solange sie geschickt verpackt und elegant vorgebracht werden. Bei der Argumentation indessen lassen sich die französischen Angestellten vornehmlich durch die Kraft der Synthese leiten und bauen ihren Vortag entsprechend auf.

Kulturelle Verankerung von »Dynamischer Entscheidungsprozess«

Auch bei diesem Kulturstandard tragen mehrere Einflussfaktoren zu dem spezifischen Erscheinungsbild bei. So finden das ständige Infragestellen sowie die kontinuierliche Problemlösung ihren Ursprung im descartesschen Rationalismus. Nach Descartes soll sich der Mensch nur von der Klarheit der eigenen Vernunft leiten lassen. Dabei muss sich der kreative und zweifelnde Geist im

Menschen in jeder Situation aufs Neue beweisen. Das Individuum soll sich mit dem eigenen Denken immer wieder gegen die traditionellen Lehren und Gewohnheiten stellen und ständig an den bisherigen Entschlüssen zweifeln, da einmal festgelegte Verhaltensweisen nur eine bedingte Gültigkeit besitzen (Fischer, 1996). Indem der Einzelne neue Ideen hervorbringt, stellt er seine Kreativität unter Beweis.

Des Weiteren spielen soziokulturelle Faktoren, die in den Bildungsstrukturen begründet liegen, eine zentrale Rolle. Die elitäre Ausbildung, die französische Fach- und Führungskräfte zumeist genossen haben, ist immer mit einer Ausbildung in die »Breite« verbunden, um einen Generalistengeist zu fördern. Da ein ganzheitlicher Ansatz bei der Problemlösung verfolgt wird, sehen Franzosen auch die Diskussion mit Fachfremden beziehungsweise dem eigenen Fachgebiet benachbarten Experten bei der Lösungsfindung als Bereicherung an. Die Kreativität und Qualität von Lösungen und Entwicklungen wird an dem Grad der Integration von vielfältigen Ideen gemessen.

So sind die französischen Berufshierarchien weitgehend das Abbild der Rangabstufungen im Bildungswesen (Picht, 1997). Für Führungsaufgaben werden entsprechend Generalisten bevorzugt, denen jeweils Experten zuarbeiten.

Dabei ist das französische Bildungssystem stark vom Prinzip des Wettbewerbs geprägt. Während der Schul- und Studienzeit gilt es, immer höhere Hürden zu überwinden, um in der beruflichen und gesellschaftlichen Hierarchie aufzusteigen. Dadurch entwickelt sich ein Konkurrenzdenken, denn jeder wird als potenzieller Rivale gesehen. Durch den streng hierarchischen und vertikalen Aufbau in französischen Unternehmen wird dies noch verstärkt. Ebenso ist in diesem Zusammenhang das höfische System zu nennen, denn die Rivalität am königlichen Hof hat, wie aus den vorangegangenen Erläuterungen dazu deutlich wurde (vgl. Themenbereich 2: Personenorientierung), das Denken der Franzosen stark geprägt.

Ein weiteres Merkmal dieses Kulturstandards ist die Dissensorientierung, deren Ursprung ebenfalls in der höfischen Gesellschaft zu finden ist. Einerseits wurde der Königshof im ganzen Reich als Modell und Wunschbild gesehen, andererseits aber auch als ferne Autorität, die durch den starken Einfluss der lokalen Statthalter auf das eigene Leben als ungerecht und unangemessen empfunden wurde (Demangeat u. Molz, 2003). Aus diesem Grund entstand ein ständiges Schwanken zwischen Erdulden und Aufbegehren gegen die als external erlebte Autorität. Diese Dialektik repräsentiert also das in Themenbereich 3 angesprochene Gegengewicht zur französischen »Autoritätsorientierung«. Als Korrektiv zu einer mächtigen Hierarchie entwickelte sich eine Dissensorientierung, die bis heute fortbesteht. Ein Aspekt dieser Dissenskultur zeigt sich eben im Herausstellen unterschiedlicher Meinungen.

In Zusammenhang mit der französischen Vortragsweise lässt sich ein weiterer Einflussfaktor ausmachen. Als Geburtsort für die geistreiche, originelle und kreative Argumentations- und Gesprächskultur, den so genannten »esprit«, gelten die bereits in Themenbereich 2 beschriebenen »salons«. Hier waren keine »trockenen« Tatsachenberichte gefragt, sondern die Originalität eines Gedankens. Bewunderung galt demjenigen in der Gesprächsrunde, der mit einer neuen, originellen Idee aufwarten konnte und diese elegant präsentierte. Dabei kommt man ausgehend von einer grandiosen Idee gemäß der descartesschen Methodik zur Lösung des Problems. Selbst wenn ein geistreicher Vorschlag einer strengen methodischen Prüfung nicht standhielt, wurde ihm mehr allgemeine Wertschätzung entgegengebracht als einer breit angelegten, tiefgehenden Analyse, die auf reiner Wissensakkumulation basierte. Beim Unterhalten der Gesprächspartner war von zentralem Interesse, dass nie Langeweile aufkam. Die Darbietung in einer ausgefeilten Form spielte hierbei eine große Rolle, weshalb die Rhetorik besonders gepflegt wurde. Die Gesprächsteilnehmer mussten Esprit zeigen, indem sie ein Problem nicht einfach nüchtern analysierten, sondern auf geistreiche, witzige und gewandte Art und Weise einer möglicherweise bekannten Thematik neue Gesichtspunkte abgewannen oder durch gekonntes Argumentieren neue Zusammenhänge aufzeigten. Der in den »salons« gepflegte Esprit entwickelte sich zum ästhetischen Leitbild für den Präsentations- und Diskussionsstil in der französischen Gesellschaft und die damit verbundenen Normen des geistreichen Gesprächs bestimmen bis in die Gegenwart hinein die Normen von Gespräch und Präsentation in Frankreich.

Plannerer

Themenbereich 5: Flexibilität

Beispiel 15: Auf den letzten Drücker

Situation

Gemeinsam mit seinem französischen Kollegen, Herrn Bremier, ist Herr Brunner Geschäftsführer einer kleinen Filiale eines deutschen Automobilherstellers in Frankreich. Alle zwei Monate müssen sie ihren Businessplan bei der Geschäftsleitung in Deutschland vorstellen. Herr Brunner fängt mit der Ausarbeitung seines Teils der Präsentation immer einige Zeit vor dem Treffen an, so dass er möglichst nicht unter Zeitdruck gerät. Aber sein französischer Kollege ist zu dieser Vorgehensweise nicht zu bewegen. Immer erst ein paar Tage vor der Präsentation beginnt Herr Bremier, seinen Teil des Businessplans auszuarbeiten, und sitzt dann oft bis spät in die Nacht. Herr Brunner ist jedes Mal wieder erstaunt, dass Herr Bremier rechtzeitig fertig wird und zudem noch eine brillante Arbeit abliefert.

Wie kommt es, dass Herr Bremier jedes Mal so vorgeht?

- Lesen Sie nun die Antwortalternativen nacheinander durch.
- Bestimmen Sie den Erklärungswert jeder Antwortalternative für die gegebene Situation und kreuzen Sie ihn auf der darunter befindlichen Skala an. Es ist möglich, dass mehrere Antwortalternativen den gleichen Erklärungswert besitzen.

Deutungen

a) Für Herrn Bremier ist die Erstellung des Businessplans eine Aufgabe unter vielen. Er kennt zwar den erzwungenen Abgabetermin, aber die Arbeit wird für ihn erst wichtig, wenn die Zeit gekommen ist.

sehr zutreffend	eher zutreffend	eher nicht zutreffend	nicht zutreffend

b) Es gibt Menschen, die alles auf den letzten Drücker erledigen. Herr Bremier ist das so gewohnt und bleibt auch bei der Businessplanerstellung dieser Gewohnheit treu.

sehr zutreffend	eher zutreffend	eher nicht zutreffend	nicht zutreffend

c) Herr Bremier sieht überhaupt nicht ein, warum er alle zwei Monate einen Businessplan erstellen soll. Er hält das für überflüssig und misst ihm keine Bedeutung bei.

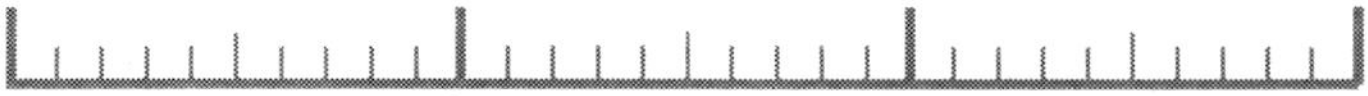

sehr zutreffend	eher zutreffend	eher nicht zutreffend	nicht zutreffend

d) Herr Bremier will seinem Konkurrenten Herrn Brunner zeigen, was er in kurzer Zeit leisten kann. Er freut sich darüber, dass dieser ihn wegen seiner Nachtarbeit bewundert.

sehr zutreffend	eher zutreffend	eher nicht zutreffend	nicht zutreffend

- Versuchen Sie, Ihre Einstufung jeder Antwortalternative zu begründen. Halten Sie die Begründung in schriftlicher Form stichpunktartig fest.
- Lesen Sie nun die Erläuterungen zu jeder Antwortalternative durch und vergleichen Sie diese mit Ihren eigenen Begründungen.

Bedeutungen

Erläuterung zu a):
Es ist zu vermuten, dass im vorliegenden Fall bei Herrn Bremier zwei Kulturstandards zur Wirkung kommen, nämlich einmal die polychrone Zeitauffassung, die dazu führt, dass für Herrn Brunner die Erstellung des Businessplans keineswegs permanent im Zentrum der Aufmerksamkeit steht, sondern zunächst einmal eine Aufgabenstellung unter vielen anderen ist, mit denen er sich beschäftigt und die er so abarbeitet, wie es ihm sinnvoll erscheint, wie es die Umstände erfordern und wie es sich so aus dem Arbeitsalltag heraus ergibt. Zum anderen zeigt sich an diesem Beispiel die Fähigkeit, mit einem hohen Maß an Flexibilität auf Arbeitsanforderungen zu reagieren. Da er zur pünktlichen Abgabe des Businessplans verpflichtet ist und weiß, dass ihm die Erledigung dieser Aufgabe keine allzu großen Schwierigkeiten bereitet, macht er sich nicht erst lange im Voraus Gedanken darüber, wie die Aufgabe zu erledigen ist, sondern lässt zunächst einmal den Abgabetermin auf sich zukommen. Dann aber ist er auch bereit, kurzfristig mit großer Intensität und unter Inkaufnahme von Überstunden konzentriert an der Aufgabe zu arbeiten. Dadurch gelingt es ihm, die Arbeit pünktlich fertig zu stellen und in dieser intensiven Arbeitszeit die erforderlichen Informationen einschließlich der aktuellen Geschäftslage zu bündeln und in den Plan einfließen zu lassen. Diese Deutung trifft den Kern.

Erläuterung zu b):
Immer wieder trifft man auf Menschen, die es gewohnt sind, alle möglichen Dinge, aber besonders die, die ihnen nicht so viel Spaß machen, auf den letzten Drücker zu erledigen. Manche geraten dann völlig in Panik und setzen alles daran, den Abgabetermin herauszuschieben. Viele leiden selbst unter dieser Angewohnheit und für die Umwelt, insbesondere für die reibungslose Kooperation in Gruppen und Abteilungen, ist dieses Verhalten außerordentlich lästig und erhöht das Risiko, nicht rechtzeitig fertig zu werden, worunter dann alle zu leiden haben. Es kann durchaus sein, dass Herr Bremier einfach nur eine eingeschliffene Verhaltensgewohnheit beibehält, andererseits zeigt sich aber, dass er

zum Erstaunen von Herrn Brunner immer wieder nicht nur rechtzeitig fertig wird, sondern auch noch eine brillante Arbeit abliefert. Es könnte also sein, dass hier noch ein weiterer Grund eine Rolle spielt, der nicht allein in der individuellen Angewohnheit von Herrn Bremier zu suchen ist.

Erläuterung zu c):
Es kann schon sein, dass Herr Bremier es nicht gewohnt ist, alle zwei Monate pünktlich einen Businessplan bei der Geschäftsleitung abzugeben und dass ihm diese neue Anweisung aus der Zentrale in Deutschland als überflüssig erscheint. Es kann auch sein, dass er sich darüber ärgert und froh wäre, wenn ihm diese permanente Belastung erspart bliebe. Aber Bedeutung muss er dieser Aufforderung schon zumessen, denn immerhin bestimmt die Zentrale, was die Filiale in regelmäßigen Abständen an Informationen zu liefern hat. Außerdem weiß er, dass sein deutscher Kollege, Herr Brunner, diese Angelegenheit sehr ernst nimmt und sich schon weit vor der Zeit mit der Ausarbeitung beschäftigt. Das Warten mit der Erstellung der Ausarbeitung bis zum letztmöglichen Zeitpunkt wird wohl einen anderen Grund haben.

Erläuterung zu d):
Imponiergehabe ist durchaus eine gängige Verhaltensweise zwischen Kollegen, die miteinander über Ansehen bei ihren Vorgesetzten konkurrieren. Erstaunlich ist im vorliegenden Fall nur, dass Herr Bremier regelmäßig erst ein paar Tage vor der Präsentation mit seiner Arbeit beginnt und dann Tag und Nacht arbeitet, um fertig zu werden. Ein so regelmäßiges Imponiergehabe wäre etwas ungewöhnlich, zumal zu erwarten ist, dass er sich ja damit selbst unter erheblichen Arbeitsdruck setzt und ein hohes Risiko eingeht. Zudem ist nicht ganz sicher, ob Herr Brunner ihm gegenüber wirklich seine Bewunderung über die pünktliche Erledigung der Arbeit und die zudem noch erreichte hohe Qualität auch zum Ausdruck bringt. In der Situationsschilderung selbst gibt dazu jedenfalls keine Information.

Lösungsstrategie

Interessanterweise bewundert Herr Brunner zwei unterschiedliche Leistungen an seinem Kollegen Bremier: Einmal, dass er den Businessplan immer pünktlich fertigstellt, obwohl er sich vorher überhaupt nicht darum kümmert, sondern alles auf die letzte Sekunde konzentriert, und zum anderen die Brillanz des Arbeitsergebnisses. Herr Brunner ist es gewohnt, so wichtige Arbeitsaufgaben wie die Erstellung des Businessplans gut vorzubereiten und sich dafür auch die nötige Zeit zu nehmen, um nicht Gefahr zu laufen, unter Zeitdruck nicht rechtzeitig fertig zu werden und wichtige Dinge zu übersehen. Da beide ihren Teil zum Businessplan beitragen müssen, hat Herr Brunner vermutlich sehr unter der Vorgehensweise von Herrn Bremier gelitten, weil er befürchten musste, dass Herr Bremier nicht pünktlich fertig werden würde, was aber wohl nie eingetreten ist.

Herr Brunner tut gut daran, sich nicht allzu sehr über das für ihn ungewöhnliche Arbeitsverhalten von Herrn Bremier aufzuregen, sondern darauf zu vertrauen, dass die von Herrn Bremier gezeigte Flexibilität, die eine wesentliche Stärke des französischen Arbeitsstils ist, auch zukünftig zu einer pünktlichen Abgabe des alle zwei Monate fälligen Businessplans führen wird. Allenfalls könnte er darauf achtgeben, ob dieses konzentrierte Arbeiten kurz vor Abgabetermin dazu geeignet ist, die Qualität des Businessplans zu erhöhen, da auf diese Weise auch noch die aktuellsten Informationen einbezogen werden können.

Es ist zu erwarten, dass beide Kooperationspartner an ihren kulturell geprägten Arbeitsstilen, des regel- und planorientierten Verhaltens von Herrn Brunner und des flexiblen, spontanen und improvisierten Verhaltens von Herrn Bremier, festhalten werden, weil sie ihnen zur Routine geworden sind. In gewisser Weise könnte man in Bezug auf das Kooperationsergebnis durchaus auch von interkultureller Synergie sprechen, weil durch diese unterschiedlichen Arten des Arbeitsverhaltens immer ein qualifizierter Businessplan vorliegen wird, selbst wenn Herr Bremier einmal nicht mit allem pünktlich fertig werden sollte und wenn Herr Brunner aktuelle Informationen in seinem Plan nicht mehr berücksichtigen kann, was aber Herrn Bremier bei seiner konzentrierten Nachtarbeit kurz vor Abgabe des Berichts noch möglich ist.

Beispiel 16: Mietverträge

Situation

Herr Seidel arbeitet seit einigen Monaten in der Pariser Filiale eines großen deutschen Elektrokonzerns. Zusammen mit dem Stammhaus in Deutschland wurde letzte Woche beschlossen, dass die Abteilung, in der auch Herr Seidel arbeitet, die Mietverträge für alle Abteilungen in Frankreich managt. Als Herr Seidel in der Woche darauf erfährt, dass die Mietverträge von den einzelnen Abteilungen bereits abgeschlossen wurden, ist er sehr überrascht. Sein Chef, Herr Delon, scheint mit der Abwicklung nichts zu tun haben zu wollen, obwohl er sich eine Woche zuvor dazu bereiterklärt hatte. Dem Stammhaus in Deutschland wird aber weiterhin kommuniziert, dass die Mietverträge für alle Einheiten zentral von Herrn Seidels Abteilung abgeschlossen werden. Herr Seidel kann sich die Verhaltensweise seines Chefs nicht erklären.

Wie erklären Sie sich das Verhalten des Chefs?

- Lesen Sie nun die Antwortalternativen nacheinander durch.
- Bestimmen Sie den Erklärungswert jeder Antwortalternative für die gegebene Situation und kreuzen Sie ihn auf der darunter befindlichen Skala an. Es ist möglich, dass mehrere Antwortalternativen den gleichen Erklärungswert besitzen.

Deutungen

a) Herr Delon fühlt sich von dem in der deutschen Zentrale gefassten Beschluss vor den Kopf gestoßen und behält das bisher praktizierte System bei.

sehr zutreffend	eher zutreffend	eher nicht zutreffend	nicht zutreffend

b) Herr Delon hält den erst seit wenigen Monaten in der Pariser Filiale arbeitenden Herrn Seidel für viel zu unerfahren, um mit seiner Abteilung alle Mietverträge abzuschließen.

sehr zutreffend | eher zutreffend | eher nicht zutreffend | nicht zutreffend

c) Beim Abschluss von Mietverträgen kann immer einmal seitens der Mieter die eine oder andere Gefälligkeit für den Abteilungsleiter abfallen. Herr Delon weiß davon und vermeidet es, sich für die Einführung des neuen Systems zu engagieren.

sehr zutreffend | eher zutreffend | eher nicht zutreffend | nicht zutreffend

d) Was die Zentrale in Deutschland beschlossen hat, muss man zwar in Frankreich zur Kenntnis nehmen, das tut auch Herr Delon, aber nicht unbedingt sofort eins zu eins umsetzen.

sehr zutreffend | eher zutreffend | eher nicht zutreffend | nicht zutreffend

- Versuchen Sie, Ihre Einstufung jeder Antwortalternative zu begründen. Halten Sie die Begründung in schriftlicher Form stichpunktartig fest.
- Lesen Sie nun die Erläuterungen zu jeder Antwortalternative durch und vergleichen Sie diese mit Ihren eigenen Begründungen.

Bedeutungen

Erläuterung zu a):

Obwohl Herr Delon und Herr Seidel an dem Beschluss, die Mietverträge zukünftig zentral aus der Abteilung von Herrn Seidel heraus bearbeiten zu lassen, teilgenommen haben, ist es durchaus möglich, dass Herr Delon sich von dieser Entscheidung vor den Kopf gestoßen fühlt, weil seine Argumente nicht gehört und nicht berücksichtigt worden sind, und entsprechend reagiert. Andererseits aber hat Herr Seidel beobachtet, dass Herr Delon sich für die Abwicklung überhaupt nicht interessiert und sich aus dem aktuellen Geschehen heraushält. Zudem führt der Beschluss der Zentrale in der Filiale zu einer deutlichen Kompetenzverlagerung weg von den einzelnen Abteilungen und hin zu Herrn Seidel. Auch wenn Herr Delon verärgert ist, so wird dies vermutlich nicht der einzige Grund sein, warum er nichts dagegen hat, wenn das alte System beibehalten wird. Verärgerung allein reicht als Begründung nicht aus.

Erläuterung zu b):
Immerhin wurde die Neuregelung bezüglich der Verlagerung der Verantwortlichkeiten für den Abschluss der Mietverträge in die Abteilung von Herrn Seidel zusammen mit dem Stammhaus in Deutschland beschlossen und es ist zu erwarten, dass sowohl Herr Seidel als auch Herr Delon daran teilgenommen haben. Wenn Herr Delon also Befürchtungen bezüglich der Qualität von Herrn Seidel gehabt hätte und deshalb die mit der Neuregelung verbundene Kompetenzverlagerung ablehnt, dann hätte er dies sicherlich bei den Planungsgesprächen in der für Franzosen typischen indirekten Art oder aber in einer schon auf die deutschen Verhältnisse angepassten, relativ direkten Art vorgetragen. Wenn die Zentrale aus Unkenntnis der spezifischen Qualifikationen von Herrn Seidel ihn mit einer so wichtigen Aufgabe betraut und damit Herrn Delon entlasten will, dann muss Herr Delon auch sicherstellen, dass die Leistung erbracht werden kann. Die Situationsschilderung gibt außerdem keinerlei Hinweise auf Qualifikationsdefizite auf Seiten von Herrn Seidel.

Erläuterung zu c):
Was hier als Begründung thematisiert wird, ist eine Begünstigung der für den Abschluss von Mietverträgen zuständigen Abteilungsleiter. So etwas kommt vor, ist aber nicht die Regel. Da es für die deutsche Zentrale sicher wichtige Gründe gegeben hat, eine solche strukturelle Veränderung in den Aufgaben der Pariser Filiale vorzunehmen, ist davon auszugehen, dass die örtlichen Verhältnisse genau untersucht worden sind. Bei einer solchen Untersuchung wären diese Arten von Begünstigungen, falls sol-

che vorgefallen sind, vermutlich ans Licht gekommen. Die Zentralisierung des Abschlusses von Mietverträgen auf die Abteilung von Herrn Seidel wird vermutlich ökonomische Gründe haben, um dadurch höhere Mieten und sicherere Mieter zu bekommen, mehr Kompetenz zum Abschluss von Mietverträgen in der Abteilung von Herrn Seidel zu bündeln und um Personalkosten einsparen zu können. Der hier angegebene Grund ist eher unwahrscheinlich, zumal Herr Delon es sich in der gegebenen Situation überhaupt nicht leisten könnte, solche Unregelmäßigkeiten, falls er davon weiß, einfach auf sich beruhen zu lassen.

Erläuterung zu d):
Das Verhalten von Herrn Delon entspricht eher dem in Frankreich sehr verbreiteten »Système D«, wobei »D« für »se débrouiller« steht, was soviel bedeutet wie entwirren, zurechtkommen, sich zu helfen wissen. Auf diese Situation angewandt bedeutet dies, Regeln dehnbar zu machen, ohne sie zu brechen, beziehungsweise nach dem Prinzip »Une règle rigide, une pratique molle«, was wörtlich übersetzt bedeutet »Eine strikte Vorschrift, eine gemilderte Ausführung«, vorzugehen. Die strukturelle Veränderung ist vorbereitet worden, alle beteiligten Personen haben sich an der Vorbereitung beteiligt, es ist unter Zustimmung aller ein Beschluss gefasst worden und nun geht die deutsche Zentrale und natürlich auch Herr Seidel davon aus, dass diese Veränderung umgesetzt wird. Herr Delon und die französischen Abteilungsleiter haben den Beschluss zur Kenntnis genommen, sie kennen ihn und sie kennen auch die Konsequenzen, aber sie unternehmen zunächst einmal nichts. Sie warten ab und schauen zu, was passiert. Beschlüsse sind nach französischer Vorstellung noch lange keine Gesetze, sondern bedürfen bei der Anwendung einer flexiblen Handhabung, bei der alle durch die Veränderung betroffenen Personen, Sachverhalte, Prozesse, soziale und strukturelle Gefüge mit berücksichtigt werden müssen. Zudem ist nach dieser Auffassung eine Eins-zu-eins-Umsetzung solcher doch recht abstrakter und theorielastiger Beschlüsse in der Praxis oftmals schwer möglich, wenig funktional und damit auch wenig sinnvoll.

Lösungsstrategie

Es steht eindeutig fest, Herr Seidel steht vor einem Dilemma: Einerseits wurde ihm die Verantwortung für alle Mietverträge übertragen, andererseits werden in der Realität aber nach wie vor alle Mietverträge von den einzelnen Abteilungen abgeschlossen, ohne dass sein Chef irgendwas dagegen unternimmt und zudem noch gegenüber dem Stammhaus in Deutschland so tut, als würden alle Mietverträge gemäß dem Beschluss von Herrn Seidels Abteilung aus abgeschlossen.

Herr Seidel tut gut daran, erst einmal abzuwarten, wie sich die Angelegenheit weiter entwickelt. Es wird der Zeitpunkt kommen, wo sich die Verantwortlichen im Stammhaus wundern, dass die neuen Vereinbarungen in Frankreich nicht umgesetzt worden sind, und um Aufklärung bitten. Dies gäbe ihm die Möglichkeit, mit Herrn Delon ein klärendes Gespräch zu führen, wie nun weiter zu verfahren ist, ohne ihn zu provozieren. Während dieser Zeit des Abwartens könnte er außerdem erkunden, ob es auf französischer Seite gute Gründe gibt, die Neuregelung nicht sofort umzusetzen, sondern damit zu warten. Die Gründe könnten zum Beispiel darin bestehen, dass die Abteilungsleiter erst einmal genügend Zeit brauchen und »bearbeitet« werden müssen, damit sie bereit sind, die Kompetenzen zum Abschließen von Mietverträgen an die Abteilung von Herrn Seidel abzutreten. Wenn dies der Fall wäre, hätte er die Möglichkeit, den Kompetenzverlust abzumildern, indem er deutlich macht, dass mit dieser Zentralisierung der Arbeit in seiner Abteilung ein höheres Maß an Effizienz erreicht wird, was wiederum allen zugute kommt.

Jedenfalls ist Herrn Seidel davon abzuraten, sofort und mit aller in Deutschland üblichen Klarheit, Direktheit und Unnachgiebigkeit auf der sofortigen Umsetzung des Beschlusses zu beharren und in diesem Zusammenhang auch noch seine Verärgerung darüber zum Ausdruck zu bringen, dass sich die Umsetzung verzögert.

Hintergrundinformationen zu »Flexibilität«

Flexibilität bezeichnet die Bereitschaft und Fähigkeit der Franzosen, sich rasch an wechselnde Situationen anpassen zu können. Insbesondere zeigt sich dies im Arbeitsleben bei der Umsetzung von Entscheidungen und beim Umgang mit Regeln.

Flexibilität bei der Umsetzung von Entscheidungen

In Frankreich wird, wie bereits dargestellt wurde, die Entscheidung auf hoher Hierarchieebene von einer Person getroffen. Bei dem Entscheidungsfindungsprozess sind die französischen Mitarbeiter in geringerem Maße einbezogen als ihre deutschen Kollegen. In Deutschland sind nahezu alle für einen bestimmten Bereich zuständigen Angestellten an der Diskussion beteiligt und, wenn ein Konsens gefunden wurde, wird dieser in der Regel ohne Abweichungen umgesetzt. Dagegen verkürzt sich die Planungsphase in Frankreich dadurch, dass die Entscheidung von oben verkündet wird. Daran schließt sich eine lange und flexible Durchführungsphase an, in der auf aktuelle Veränderungen, wie zum Beispiel technische Neuerungen oder Lieferschwierigkeiten, schnell reagiert werden kann und daher permanente Anpassungsprozesse stattfinden. In Frankreich besitzt der Mitarbeiter in der Phase der Entscheidungsfindung weniger Autonomie und zeigt weniger Initiative als sein deutsches Pendant, wenn aber die Entscheidung getroffen ist, scheint die Umsetzung auf französischer Seite weniger rigide und sehr viel anpassungsfähiger zu sein.

Ein zentrales Merkmal bei der Umsetzung der Entscheidungen ist, dass die französischen Mitarbeiter hierbei über große Freiräume verfügen und diese auch erwarten. Begünstigt wird dies noch durch die Zielvorgaben, die oft nicht im Detail konkretisiert sind und eher allgemein gehalten sind. Der Weg zum Ziel ist flexibel, und die Angestellten passen aus eigener Initiative die Vorgaben auf kreative Art und Weise an die Gegebenheiten an. Dabei versucht der Einzelne, weil er kaum beziehungsweise nicht an der Entscheidungsfindung beteiligt ist, aus dem übergestülpten Rahmen auszubrechen oder zumindest seinen »Spielraum« und seine Grenzen auszutesten, um herauszufinden, wie verbindlich die Vorgaben des Chefs sind. Somit kommt es häufig vor, dass getroffene Entscheidungen nicht eingehalten beziehungsweise anders umgesetzt werden als vereinbart. Der Chef wird seinerseits durch sein Verhalten deutlich machen, wenn er ein Prozedere für verbindlich hält und gegebenenfalls seine Anweisungen etwas nuancieren (oder sogar zurücknehmen), wenn er zuviel Widerstand erfährt. Entsprechendes Verhalten ist auch häufig bei französischen Tochterfilialen im Umgang mit dem deutschen Mutterhaus zu beobachten. Indem sie sich nicht an Abmachungen und Vorgaben seitens der deutschen Zentrale halten, testen sie ihren Spielraum. Ihr zukünftiges Verhalten passen sie dann an die Reaktion der Verantwortlichen im Mutterhaus an. Allgemein kann also je nach Situation der Handlungsspielraum der französischen Angestellten in Form von Aufbegehren, Protest und Ablehnung oder aber in flexibler und kreativer Anpassung der Beschlüsse an die aktuellen Umstände zum Ausdruck kommen.

Système D

Wie bereits deutlich wurde, müssen Franzosen im täglichen Arbeitsablauf häufig mit unerwarteten Situationen umgehen. Entscheidungen werden ständig in Frage gestellt und geändert beziehungsweise der aktuellen Sachlage angepasst, wenn es dem Chef sinnvoll erscheint. Ebenso erfolgen in der Durchführungsphase ständige Anpassungen an die veränderten Bedingungen. In Verbindung mit dem Freiraum, den die französischen Angestellten bei der Umsetzung von Entscheidungen besitzen, entstehen oft unvorhergesehene und nicht geplante Situationen. Dadurch dass die Franzosen ihre Vorgehensweisen flexibel an die aktuellen Umstände und Probleme anpassen, können sie effizient mit derartigen Situationen umgehen. In Frankreich steht die Erreichung eines bestimmten Ziels im Vordergrund, während der Weg dorthin – also die einzuhaltende Struktur – zweitrangig ist. Diese französische Eigenart, die natürlich auch in anderen Ländern anzutreffen ist, ist sogar im kollektiven Sprachgebrauch verankert.

Ein »débrouillard« ist ein findiger Kopf. Das Système D ist eine Abkürzung für Geschicklichkeit, Gewitztheit, Improvisationskunst und das Meistern von Problemen. Hinter dem Système D steckt kein System im eigentlichen Sinne, sondern es handelt sich vielmehr um »ein flexibles und zielgerichtetes Reagieren auf eine ungeplante und unvorhergesehene Situation mit Hilfe des gesunden Menschenverstandes. Die Kunst des Système D besteht darin, Arbeits- und Zeitaufwand zu reduzieren und trotzdem zu einem ›guten‹ Ergebnis zu kommen« (Barmeyer, 2000a, S. 175). Die hohe situationsangepasste Flexibilität stellt eine wesentliche Stärke des französischen Arbeitsstils beziehungsweise der französischen Unternehmen dar und entsprechend wird ihr hohe Bedeutung beigemessen. Dabei versuchen Franzosen, Wege zu finden – auch unkonventioneller Art –, um zu ihren Zielen zu gelangen. Diesbezüglich ist eine Tendenz auf französischer Seite zu beobachten, die mit dem Système D zusammenhängt. In Frankreich, das nicht weniger Regeln und Verordnungen aufweist als andere europäische Länder, wird die Anwendung von formellen Regeln anders gehandhabt als in Deutschland: Regeln und Gesetze unterliegen einem gewissen Interpretationsspielraum und werden nicht zwingend wortwörtlich befolgt. Hampden-Turner und Trompenaars (1993) bringen dies wie folgt zum Ausdruck: »What the French call ›Système D‹ ist the art of bending rules without breaking them« (S. 334). Auf originelle und geistreiche Weise werden Strukturen und Vorschriften der jeweiligen Situation angepasst. D'Iribarne (1989) spricht hierbei auch von einem tagtäglich umgesetzten Prinzip: »Une règle rigide, une pratique molle« (S. 76). Deswegen ist in französischen Unternehmen – im Vergleich zu den deutschen – oft ein spontaneres, intuitiveres Vorgehen anzutreffen, bei dem häufig improvisiert wird. Vieles kann in Frankreich verhandelt werden und es ist möglich sowie üblich, Regeln und Vorschriften kreativ zu umgehen.

Abschließend sei noch ein weiterer Aspekt des französischen Arbeitsstils angesprochen. Während man in Deutschland versucht, durch eine Durchführung genau nach Plan alle Unwegsamkeiten auszuschalten, sehen viele französische Angestellte gerade in unvorhersehbaren Situationen eine Motivationsquelle, da diese für sie eine Herausforderung darstellen. Ebenso wird Zeitdruck als eine Herausforderung empfunden, bei der es gilt, das vorgegebene Ziel trotzdem zu erreichen und dabei noch brillante Ergebnisse zu liefern.

Kulturelle Verankerung von »Flexibilität«

Die Gesellschaft des Ancien Régime war in verschiedene Stände unterteilt, die jeweils über eigene Privilegien und ein eigenes Ehrgefühl verfügten. Jeder Stand – unterteilt in weitere Unterstände – wurde durch ein Konzept geprägt, das von jedem seiner Mitglieder Verantwortlichkeiten einforderte, ohne eine vertragliche oder gesetzliche Verpflichtung hierzu zu besitzen. Rechte und Pflichten leiteten sich also nicht aus offiziellen Dokumenten, sondern aus einem latent bestehenden Wertekodex ab. Zwei Merkmale waren charakteristisch für diese ständische Gesellschaft. Da jedem sein Stand Aufgaben übertrug, die er wahrnehmen musste, unterwarf man sich nur ungern allgemeinen Gesetzen. Des Weiteren beugte man sich nur dem, was die Ehre des jeweiligen Standes verlangte. Regeln und Gesetze wurden nicht »à la lettre« (wortwörtlich) befolgt, sondern unterlagen einem Interpretationsspielraum, bei dem die Ehre der eigenen Schicht eine entscheidende Rolle spielte.

Zur Zeit des Absolutismus in Frankreich schützten Gesetze nicht vor der Willkür des Monarchen oder der Aristokraten, sondern die Willkür der Führenden wurde vielmehr gemäßigt durch die Auffassungen von den ehrlogischen Rechten und Pflichten des Standes, dem sie angehörten. Somit kam den tradierten und sozialisierten Bräuchen und Gewohnheiten die eigentliche Schutzfunktion zu, denn ein Führender durfte gemäß diesen impliziten Vorschriften niemals Handlungen vollziehen beziehungsweise vorschreiben, die die Geführten entehrten, denn dadurch hätte er sich selbst entehrt. Folglich schränkte dieses Mäßigungsprinzip die Eingriffsmöglichkeiten der Führenden beträchtlich ein. Zwar war die Abschaffung der Stände ein Hauptziel der Französischen Revolution, doch blieb die Trennung der unterschiedlichen gesellschaftlichen Schichten sowie die Undurchlässigkeit der hierarchischen Ordnung auch nach der Französischen Revolution bestehen und ist in abgeschwächter Form noch heute charakteristisch für die französische Gesellschaft. Die heutigen Alltags- und Arbeitsbeziehungen in Frankreich sind noch immer stark von der »Logique de l'honneur« bestimmt. Durch die Ehrlogik lässt sich der flexible Umgang mit Regeln sowie Gesetzen und damit die Gegensätzlichkeit zwischen zentralistischer, autoritärer Macht auf der einen und dezentralem, individuellem Verhalten auf der anderen Seite erklären. Indem zur erfolgreichen Zielerreichung Regeln umgangen oder außer Kraft gesetzt werden – Anwendung des Système D –, bleibt die individuelle Freiheit und Kreativität innerhalb eines zentralistisch formalen Systems erhalten (Barmeyer, 2000b).

Als weiterer Einflussfaktor für die Herausbildung der Flexibilität ist der descartessche Rationalismus zu nennen. Nach Descartes soll sich das Individuum immer wieder mit dem eigenen Denken und den persönlichen Normen gegen die Gewohnheit und die vorherrschenden Lehren stellen. Denn individuelle Freiheit kann der Einzelne nur durch die Auflehnung gegen die herrschenden Strukturen, durch die eigene Kreativität gewinnen. So gebührt dem Individuum, das Regelungen geschickt umgeht, allgemeine gesellschaftliche Anerkennung. Dies trifft insbesondere für französische Mitarbeiter oder Vorgesetzte zu, die zur Zielerreichung aufgestellte Richtlinien mit Esprit, also geistreich und originell, anpassen oder auch missachten. Des Weiteren lässt sich die ständige Anpassung an die aktuellen Umstände bei der Durchführung von Projekten beziehungsweise Umsetzung von Entscheidungen durch den Rationalismus erklären. Außerdem wird nach dieser Denkphilosophie Unvorhergesehenes nicht als Störung betrachtet, sondern als Herausforderung und Anlass, die Klarheit des Geistes unter Beweis zu stellen.

Zwar hat sich im Laufe der Zeit in Frankreich eine starke, zentrale Autorität entwickelt, doch haben es die Franzosen auch gelernt, sich gegen diese weit entfernte Macht zu schützen, Gegenkräfte zu entwickeln, die in Form von Murren, Widerspruch, Auflehnung oder passivem Widerstand zum Ausdruck kommen, und ihre Unabhängigkeit zu wahren (Pateau, 1997). So existiert in Frankreich auf der einen Seite ein sakrosankter Respekt vor der fernen Macht. Auf der anderen Seite wird aber gleichzeitig die

Unabhängigkeit des Einzelnen geschützt durch die beträchtliche Widerstandskraft der sozialen Gruppe, der er angehört, sowie durch die Tatsache, dass die Autorität nicht in der Lage ist, die Gleichheit innerhalb der Gruppe zu zerstören und auf ihre Angelegenheiten Einfluss zu nehmen. In diesem Zusammenhang sind die Begriffe Hierarchie und Macht in französischen Organisationen keineswegs untrennbar miteinander verbunden. Trotz großer hierarchischer Distanz profitiert der Vorgesetzte nicht zwingend von seiner Machtposition, da der französische Individualismus diese Mechanik stört. Indem die Berufsgruppen ihre Errungenschaften, Rechte und Privilegien verteidigen, schützen sie den Einzelnen vor Einmischung und Kontrolle von Seiten der oberen Hierarchieebene. Zudem wird in Frankreich die scheinbar absolute, aber diffuse Autorität ständig in Frage gestellt und unvermeidlich gebremst durch den Widerstand bei der Umsetzung von Entscheidungen. Dieses subtile Spiel zwischen Individualismus und Zentralismus beeinflusst unaufhörlich das Handeln der französischen Akteure. Die rein äußerliche Autorität in Frankreich führt zu einem Dissens, zu einer Reaktion auf den von oben kommenden Druck, den es prinzipiell zurückzuweisen gilt.

Als weiterer Einflussfaktor ist der Katholizismus zu nennen. Zum einen zeigt sich dieser in der prinzipiellen Anerkennung formaler hierarchischer Beziehungen, zum anderen kommt er aber gleichzeitig durch eine widersprüchlich erscheinende Orientierung im Umgang mit Regeln zum Ausdruck. Regeln und Gesetze werden zwar anerkannt und bieten als Richtlinien Orientierung, aber zugleich wird jede Möglichkeit genutzt, diese zu umgehen. Das Nichteinhalten von Regeln ist also eine bewusste individuelle Entscheidung, wobei der Einzelne durch eine besonders intelligente und originelle Auslegung der Vorschriften oder durch sein Beziehungsnetzwerk oft vor den Konsequenzen geschützt bleibt.

Plannerer

Themenbereich 6: Polychrones Zeitverständnis

Beispiel 17: Die Besprechung

Situation

Herr Albrecht ist seit einigen Monaten in Frankreich und beobachtet immer wieder, dass bei Besprechungen und Vorträgen, die beispielsweise um 10 Uhr angesetzt sind, die Teilnehmer und Zuhörer erst nach 10 Uhr nach und nach eintrudeln. Man unterhält sich dann noch untereinander und trinkt eventuell noch miteinander Kaffee, raucht eine Zigarette und wenn dann etwa zwei Drittel da sind, was meistens erst eine Viertelstunde nach dem ursprünglich festgesetzten Termin der Fall ist, fängt die Veranstaltung an, wobei auch später immer wieder noch Teilnehmer und Zuhörer hinzukommen. Herr Albrecht ist erstaunt, dass keiner seiner französischen Kollegen über diese Verspätungen auch nur ein Wort verliert oder dieses Verhalten kritisiert.

Warum stört es die französischen Kollegen nicht?

- Lesen Sie nun die Antwortalternativen nacheinander durch.
- Bestimmen Sie den Erklärungswert jeder Antwortalternative für die gegebene Situation und kreuzen Sie ihn auf der darunter befindlichen Skala an. Es ist möglich, dass mehrere Antwortalternativen den gleichen Erklärungswert besitzen.

Deutungen

a) Wer verspätet erscheint und feststellt, dass die Veranstaltung noch nicht begonnen hat, kann sich in dem Gefühl sonnen, alle haben nur auf ihn gewartet.

sehr zutreffend	eher zutreffend	eher nicht zutreffend	nicht zutreffend

b) Franzosen nehmen zeitliche Verspätungen gern in Kauf, um ihre Zeitpläne persönlich entsprechend aktueller Anforderungen flexibel anpassen zu können.

sehr zutreffend	eher zutreffend	eher nicht zutreffend	nicht zutreffend

c) Pünktliches Erscheinen ist für Franzosen ein Zeichen dafür, dass man nicht viel zu tun hat und unterbeschäftigt ist.

sehr zutreffend	eher zutreffend	eher nicht zutreffend	nicht zutreffend

d) Da immer alle verspätet erscheinen, beginnt die Besprechung und beginnen die Vorträge immer erst mit Verspätung und man hat auch 15 Minuten später noch nichts verpasst.

sehr zutreffend	eher zutreffend	eher nicht zutreffend	nicht zutreffend

- Versuchen Sie, Ihre Einstufung jeder Antwortalternative zu begründen. Halten Sie die Begründung in schriftlicher Form stichpunktartig fest.
- Lesen Sie nun die Erläuterungen zu jeder Antwortalternative durch und vergleichen Sie diese mit Ihren eigenen Begründungen.

Bedeutungen

Erläuterung zu a):
Im Einzelfall kann diese Deutung durchaus zutreffen, besonders dann, wenn der Zuspätkommende den Eindruck hat, dass tatsächlich alle auf ihn gewartet haben. Herr Albrecht beobachtet aber, dass die Zuspätkommenden sich in den Kreis der bereits anwesenden Personen problemlos einfügen, mitdiskutieren und eventuell ebenfalls noch einen Kaffee trinken, obwohl die vereinbarte Zeit schon seit 15 Minuten überschritten ist. Wer zu spät kommt, kann zudem nicht in jedem Fall gewiss sein, dass tatsächlich alle nur auf ihn warten, um nach seinem Erscheinen mit der Veranstaltung zu beginnen. Es könnte auch sein, dass er feststellt, dass die Veranstaltung längst begonnen, er wichtige Informationen verpasst hat und niemand auf ihn gewartet hat – mit entsprechenden negativen Konsequenzen. Diese Deutung liefert keine zufrieden stellende Erklärung.

Erläuterung zu b):
Wichtig ist Franzosen, dass man zusammenkommt, eine gute Zeit miteinander verbringt, etwas Spannendes zu berichten und zu diskutieren hat und wieder einmal alte Freundschaften und Bekanntschaften auffrischt und festigt. Die Zeit, zu der man sich trifft, oder sogar pünktliches Erscheinen, ist dabei nicht so wichtig. Wer verspätet erscheint, wird dafür schon seine persönlichen Gründe haben und diese sind zu respektieren, selbst wenn man sie nicht kennt. Hauptsache er ist da und macht mit.

Erläuterung zu c):
Bei manchen Chefs ist es durchaus üblich, verspätet zu erscheinen, um einerseits zu zeigen, dass man sich das leisten kann, denn niemand wird eine Besprechung oder einen Vortrag beginnen, ohne dass der vorher angemeldete Chef erschienen ist. Und zum anderen gibt es Chefs und Mitarbeiter, die zu jeder Sitzung abgehetzt zu spät erscheinen und sich mit noch kurzfristig zu erledigender Arbeit entschuldigen. Es ist allerdings sicher nicht gerechtfertigt, aus diesen Einzelerfahrungen darauf zu schließen, dass Franzosen grundsätzlich zu spät kommen, um nicht unter-

beschäftigt zu erscheinen. Ein solches Verhalten tritt allenfalls im Kontext einer spezifischen Firmen- oder Gruppenkultur auf. Eine andere Deutung wird zutreffender sein.

Erläuterung zu d):
Diese Deutung ist zwar zutreffend im Rahmen des kollektiven Verhaltens, denn tatsächlich verpasst ja niemand etwas, der zu spät kommt, in einer Kultur, wo Verspätungen üblich sind. In diesem Fall geht es aber darum, dass sich Herr Albrecht wundert, warum grundsätzlich solche Verspätungen üblich sind und von allen toleriert werden. Dafür gibt diese Deutung keine ausreichende Begründung an.

Lösungsstrategie

In Deutschland werden wie auch in Frankreich zu Besprechungen feste Zeiten vereinbart. In Deutschland erwartet man, dass die Teilnehmer an einer Besprechung alle pünktlich erscheinen, damit man die Zeit optimal nutzen kann. Wenn einige Teilnehmer zum festgelegten Zeitpunkt noch nicht erschienen sind, kann man mit dem Beginn der Besprechung warten, wobei dies für die bereits Anwesenden als verlorene Zeit betrachtet wird. Beginnt man aber pünktlich und einige kommen zu spät, dann haben diese die bereits ausgetauschten Informationen verpasst, haben ein Informationsdefizit und finden möglicherweise nur schwer den Anschluss.

Außerdem betrachten Deutsche Zuspätkommen als persönliche Beleidigung und auch als eine Art Erniedrigung, weil die Anwesenden sich Mühe gegeben haben, pünktlich zu sein, und der Zuspätkommende signalisiert, dass ihm das Treffen diese Mühe nicht wert war. Die entstehenden Irritationen und Verärgerungen kann der Zuspätkommende dadurch etwas auffangen, dass er eine der Dauer seines verspäteten Erscheinens adäquate, nachvollziehbare und überzeugende Begründung liefert. Da Herr Albrecht erst seit einigen Monaten in Frankreich ist, erwartet er mit Selbstverständlichkeit ein ähnliches Verhalten bei den Teilnehmern der in Frankreich stattfindenden Besprechungen und wundert sich, dass hier ganz anders mit zu spät erscheinenden Teilnehmern verfahren wird: Niemand regt sich auf, jeder akzeptiert den Anwesenden, ohne ihn nach dem Grund seiner Verspätung zu fragen. Die Wartezeiten werden intensiv zum gegenseitigen Informationsaustausch über alltägliche Dinge genutzt, um Neues zu erfahren, Kontakte zu pflegen oder wieder aufzufrischen.

Herr Albrecht muss lernen, dass Franzosen in hohem Maße den individuellen und flexiblen Umgang mit Zeit akzeptieren, es für Zuspätkommende keine Erklärungspflicht gibt und auch keiner ein Bedürfnis hat, nach Gründen zu fragen. Im Unterschied zu Deutschen ist kein Franzose beleidigt, wenn das Meeting später beginnt, denn so ergeben sich Möglichkeiten zur Kaffee- und Zigarettenpause, die zum informellen Informationsaustausch vor dem Meeting genutzt werden, was durchaus den Diskussionen während des Meetings zugute kommen kann.

Wissenschaftliche Arbeiten über die Unterschiede zwischen deutscher und französischer Kultur haben immer wieder betont, dass es in Bezug auf Umgang mit Zeit zwischen Deutschen und Franzosen deutliche Unterschiede gibt. Deutsche folgen einer monochronen Zeiteinteilung, das heißt, sie sehen die Zeit als linear an, eingeteilt in vorher geplante einzelne Teilabschnitte, in denen eins nach dem anderen erledigt wird. Effektivität wird immer als erbrachte Leistung im Bezug auf die aufgewendete Zeit angesehen. Die verfügbare Zeit wird stark segmentiert und ist damit greifbar, man kann sie sparen, vergeuden, verlieren, aufholen und/oder beschleunigen. Um sparsam mit der Zeit umzugehen, ist es wichtig, Prioritäten zu setzen, für Personen und Funktionen, die dann den entsprechenden Wichtigkeiten nach hintereinander erledigt werden und für die mehr oder weniger Zeit aufgewandt wird. Franzosen folgen demgegenüber einer polychronen Zeitauffassung, bei der verschiedenste Dinge zur selben Zeit erledigt werden und bestehende Zeitpläne den aktuellen Gegebenheiten flexibel anzupassen sind. Da zukünftige Ereignisse nicht genau vorhersehbar sind, erscheint es nicht sinnvoll, auf eine genaue Zeitplanung zu setzen. Wie viel Zeit zur Erledigung bestimmter Aufgaben in Anspruch genommen wird und wann sie fertiggestellt werden können, ist von nachrangiger Bedeutung, wichtig ist, die Zeit den Gegebenheiten anzupassen, was insbesondere im Umgang mit Mitmenschen und sozialen Ereignissen von Bedeutung ist. Zentrale Verpflichtungen entstehen nicht aus der Einhaltung von Zeitplänen, die meist zu einem Zeitpunkt festgelegt worden sind, wo die zukünftigen Entwicklungen noch nicht abzusehen waren, sondern im Umgang mit Menschen, besonders mit solchen, die einem nahe stehen und mit denen man verantwortlich verbunden ist.

Herr Albrecht tut gut daran, sich mit den Konsequenzen des ihm vertrauten monochronen und denen des ihm nicht vertrauten polychronen Zeitverständnisses gedanklich zu beschäftigen, auseinander zu setzen und im Laufe seiner Zusammenarbeit mit Franzosen zu beobachten, welche Wirkungen das polychrone Zeitverständnis für die Alltagswirklichkeit sowie für die Zeitvorgaben bei Besprechungen im Arbeitsalltag und im Lebensrhythmus der Franzosen hat.

Beispiel 18: Die Unterbrechung

Situation

Herr Graf ist seit mehreren Monaten in Frankreich tätig und erfährt dort immer wieder, dass seine französischen Kollegen jedes persönliche Gespräch unterbrechen, wenn das Telefon klingelt, den Anruf entgegennehmen und mit dem Anrufer ein Gespräch beginnen, unabhängig davon, ob es sich um einen wichtigen oder unwichtigen Anruf handelt. Auch wenn ein Dritter in ein Gespräch hereinplatzt, wird dieser sofort als neuer Gesprächspartner angesprochen und mit in die Unterhaltung integriert. Herr Graf kann sich nicht erklären, warum seine französischen Kollegen sich solche Unterbrechungen gefallen lassen und offensichtlich auch noch positiv darauf reagieren.

Wie erklären Sie sich das?

- Lesen Sie nun die Antwortalternativen nacheinander durch.
- Bestimmen Sie den Erklärungswert jeder Antwortalternative für die gegebene Situation und kreuzen Sie ihn auf der darunter befindlichen Skala an. Es ist möglich, dass mehrere Antwortalternativen den gleichen Erklärungswert besitzen.

Deutungen

a) Für Franzosen ist es wichtig, mit Menschen zu reden. Alles Sachbezogene hat dahinter zurückzustehen.

sehr zutreffend	eher zutreffend	eher nicht zutreffend	nicht zutreffend

b) Ein Gespräch mit Deutschen ist nicht so wichtig wie ein Gespräch mit Franzosen. Französischen Gesprächspartnern wird mehr Aufmerksamkeit geschenkt.

sehr zutreffend	eher zutreffend	eher nicht zutreffend	nicht zutreffend

c) Für Franzosen ist es üblich, viele Dinge gleichzeitig zu erledigen und jederzeit ansprechbar zu sein.

sehr zutreffend	eher zutreffend	eher nicht zutreffend	nicht zutreffend

d) Je mehr Menschen einen anrufen oder besuchen, umso höher ist das soziale Ansehen in Frankreich.

sehr zutreffend	eher zutreffend	eher nicht zutreffend	nicht zutreffend

- Versuchen Sie, Ihre Einstufung jeder Antwortalternative zu begründen. Halten Sie die Begründung in schriftlicher Form stichpunktartig fest.
- Lesen Sie nun die Erläuterungen zu jeder Antwortalternative durch und vergleichen Sie diese mit Ihren eigenen Begründungen.

Bedeutungen

Erläuterung zu a):

Es mag tatsächlich stimmen, dass für Franzosen Gespräche zwischen Menschen wichtiger sind als die Beschäftigung mit Sachaufgaben, so dass sie sich gern unterbrechen lassen. Andererseits ist zu bedenken, dass der französischen Gesprächspartner von Herrn Graf ja in einem intensivem Gespräch mit ihm ist, und insofern kann diese Deutung nicht zutreffend sein.

Erläuterung zu b):
Es gibt tatsächlich erhebliche kulturspezifische Unterschiede in der Behandlung von Fremden gegenüber von Einheimischen. So gibt es Kulturen, in denen gerade Fremden ein höheres Maß an Aufmerksamkeit entgegengebracht wird als den Einheimischen. Und in anderen Kulturen wird mit Einheimischen intensiv kommuniziert, wohingegen die Kommunikation mit Fremden eher zögerlich in Gang kommt. Aus der geschilderten Situation geht nicht hervor, dass der französische Gesprächspartner Herrn Graf wenig oder zu wenig Aufmerksamkeit schenkt. Herr Graf vergleicht auch die Zuwendung seines französischen Partners ihm gegenüber nicht mit der Zuwendung, die sein französischer Partner seinen französischen Gesprächspartnern gegenüber zeigt. Vielmehr erstaunt ihn, dass sich sein französischer Gesprächspartner im Gespräch mit ihm durch Anrufe oder unangemeldete Besuche ständig unterbrechen lässt und intensiv auf deren Anliegen eingeht. Die Situationsschilderung gibt sonst keine Hinweise, dass hier nationale Vorbehalte oder eine Ablehnung gegenüber deutschen Gesprächspartnern eine zentrale Rolle spielt. Eine andere Deutung ist zutreffender.

Erläuterung zu c):
Das Verhalten der französischen Kollegen von Herrn Graf entspricht dem in Frankreich verbreiteten polychronen Zeitverständnis. Viele Dinge gleichzeitig zu erledigen, mit mehreren am Tisch zu diskutieren und zugleich einen Anrufer zu bedienen, ist ein Zeichen für Flexibilität, Beweglichkeit und Kreativität.

Erläuterung zu d):
Die meisten Menschen sind erfreut, wenn andere sich ihnen zuwenden, sie anrufen oder besuchen, da sie sich geehrt und beachtet fühlen. Das trifft sicher auch in vielen Fällen für den geschäftlichen Kontext zu, obwohl hier die persönlichen Gespräche und der Kontakt mit Partnern, jedenfalls aus deutscher Sicht, vornehmlich

funktionsbezogen gesehen werden müssen. Es ist außerdem sehr zu bezweifeln, ob das soziale Ansehen und Prestige in einem Unternehmen davon abhängig ist, von wie vielen Menschen jemand angerufen oder besucht wird. Das soziale Ansehen ist sicher noch von vielen anderen Faktoren abhängig und hat vielleicht eher etwas mit der Bedeutsamkeit der Gesprächspartner als mit ihrer Anzahl zu tun. Eine andere Deutung wird zutreffender sein.

Lösungsstrategie

Herr Graf wird lernen müssen, dass Franzosen es als eine Selbstverständlichkeit und eine Ehre ansehen, wenn jemand ein Gespräch wünscht, selbst wenn man schon in ein Gespräch eingebunden ist. Einen Gesprächswunsch abzuschlagen oder auf eine andere Zeit zu verschieben, wäre unhöflich sowie ein Zeichen für mangelnde Flexibilität und Kommunikationsfähigkeit. Jeder ist willkommen, zu jeder Zeit und mit jedem Anliegen. Seine französischen Gesprächspartner empfinden ankommende Telefongespräche oder Besucher überhaupt nicht als unwillkommene Unterbrechung, die man sich eigentlich nicht gefallen lassen kann, sondern als eine willkommene Gelegenheit zu zeigen, wie kommunikativ, vielfältig und beweglich sie sind. Zeitpläne, vereinbarte Zeitpunkte für Meetings oder Verabredungen zum Gespräch sind Hilfsmittel, um Menschen zu treffen, die man um sich haben möchte und um miteinander ins Gespräch zu kommen, Meinungen und Ansichten auszutauschen, eine angenehme Zeit zu verbringen, an wichtige Informationen heranzukommen; aber sie sind nicht dazu da, abgearbeitet zu werden, schon gar nicht unter Zwang oder weil sie nun einmal so festgelegt worden sind.

Herrn Graf wird dieser Umgang mit Zeit als ineffizient erscheinen, er wird sich noch lange daran stoßen, dass man in Frankreich so wenig Wert auf die »effektive« Nutzung verfügbarer Zeit legt und aus seiner Sicht Zeit vergeudet. Er wird noch einige Zeit brauchen, bis er diesen Umgang mit Zeit genießen und in gewisser Weise auch effektiv nutzen kann. Dazu ist es notwendig, dass er lernt, seine Zeit nicht so stark zu segmentieren, sondern den Gegebenheiten anzupassen, auf mehrere Personen,

Situationen und Prozessabläufe zur gleichen Zeit zu reagieren und den Kontakt zu Menschen immer und zu jeder Zeit die Priorität einzuräumen.

Beispiel 19: Arbeitsverhalten

Situation

Herr Götz ist seit mehreren Monaten in einer französischen Firma in Frankreich tätig. Dabei fällt ihm auf, dass die Arbeitsweise von Mitarbeitern sich von dem, was er aus Deutschland kennt, deutlich unterscheidet. Wenn er zum Beispiel ins Sekretariat geht und die Sekretärin gerade telefoniert, dann wendet sie sich sofort ihm zu, selbst dann, wenn er nur eine Kleinigkeit erledigt haben möchte. Die Sekretärin bearbeitet dann sein Anliegen neben dem Telefonat. Falls noch eine zweite Person den Raum betritt, von der die Sekretärin weiß, dass sie nur einen Brief oder einen Zettel von ihr bekommt, wird diese auch noch dazwischengeschoben. Sie nimmt den Zettel entgegen, danach redet sie wieder mit Herrn Götz und erledigt dessen Angelegenheiten, um sich schließlich wieder dem Telefonat zuzuwenden. Herr Götz ist immer wieder erstaunt, wie französische Mitarbeiter es hinbekommen, dies alles gleichzeitig zu erledigen.

Können Sie sich erklären, wie die Sekretärin das schafft?

- Lesen Sie nun die Antwortalternativen nacheinander durch.
- Bestimmen Sie den Erklärungswert jeder Antwortalternative für die gegebene Situation und kreuzen Sie ihn auf der darunter befindlichen Skala an. Es ist möglich, dass mehrere Antwortalternativen den gleichen Erklärungswert besitzen.

Deutungen

a) Die Leistungsanforderungen im Servicebereich sind in Frankreich nicht so hoch, so dass die dort tätigen Mitarbeiter viele Arbeiten gleichzeitig erledigen können.

sehr zutreffend	eher zutreffend	eher nicht zutreffend	nicht zutreffend

b) Da Franzosen ihr Handeln ständig an aktuell auftretende Anforderungen anpassen, sind sie es gewohnt, viele Vorgänge zu gleicher Zeit zu erledigen.

sehr zutreffend	eher zutreffend	eher nicht zutreffend	nicht zutreffend

c) Die Sekretärinnen und Mitarbeiter, die diese vielfältigen Arbeiten zu gleicher Zeit erledigen, sind dafür speziell ausgebildet, bekommen mehr Gehalt und werden nur an dementsprechenden Schlüsselstellen eingesetzt.

sehr zutreffend	eher zutreffend	eher nicht zutreffend	nicht zutreffend

d) Da Franzosen nicht nach Plan arbeiten, sondern alles auf sich zukommen lassen, bleibt ihnen nichts anderes übrig, als sich mit allen anfallenden Aufgaben gleichzeitig zu befassen.

sehr zutreffend	eher zutreffend	eher nicht zutreffend	nicht zutreffend

- Versuchen Sie, Ihre Einstufung jeder Antwortalternative zu begründen. Halten Sie die Begründung in schriftlicher Form stichpunktartig fest.
- Lesen Sie nun die Erläuterungen zu jeder Antwortalternative durch und vergleichen Sie diese mit Ihren eigenen Begründungen.

Bedeutungen

Erläuterung zu a):

Frankreich ist eine führende Wirtschaftsmacht nicht nur in Europa, sondern auch weltweit. Da der Servicebereich in der modernen Wirtschaft eine immer größere Bedeutung bekommt, könnten es sich französische Unternehmen überhaupt nicht leisten, gerade im Servicebereich geringere Anforderungen an ihre Mitarbeiter zu stellen, als dies sonst weltweit üblich ist. An der geringen Arbeitsbelastung, die es den französischen Sekretärinnen und Mitarbeitern erlaubt, viele Dinge gleichzeitig zu erledigen, das heißt dann auch auf einem niedrigerem Leistungsniveau, kann es also nicht liegen, dass dieses Arbeitsverhalten in Frankreich so weit verbreitet ist.

Erläuterung zu b):
Das Bearbeiten vieler Vorgänge zur gleichen Zeit ist für Franzosen eine Selbstverständlichkeit und nichts Ungewöhnliches. Sie betrachten es als ein Zeichen ihrer Leistungsfähigkeit und Flexibilität, zumal wenn die Anforderungen unerwartet auf sie zukommen. Es ist wie ein Spiel mit vielen Bällen, bei dem alles zusammen passen und aufeinander abgestimmt sein muss und kein Ball »fallen« darf.

Erläuterung zu c):
Wenn die Mitarbeiter, an denen Herr Götz dieses spezifische Arbeitsverhalten in Frankreich beobachtet hat, dazu speziell ausgebildet wären, mehr Gehalt bekämen und nur an spezifischen Schlüsselstellen anzutreffen wären, hätte er dies sicher längst bemerkt und es würde ihn nicht mehr in Erstaunen versetzen. Tatsächlich aber ist dieses polychrone Arbeitsverhalten in Frankreich so weit verbreitet, dass es jedem Ausländer, besonders jemandem aus Deutschland, der mehr ein sukzessives Abarbeiten von Auftragstellungen gewohnt ist, auffällt. Diese Deutung ist nicht recht zutreffend.

Erläuterung zu d):
Auch in einem deutschen Unternehmen, in dem in der Regel nach Plan gearbeitet wird, das heißt, in dem jeder Mitarbeiter bei der Aufgabenerledigung einem von ihm vorher entwickelten oder traditionellen Arbeitsablaufschema folgt, passiert es häufig, dass unplanmäßig mehrere Personen zur gleichen Zeit mit Wünschen und Anliegen kommen, die erledigt werden müssen. Auch in einem komplexen und schnellen Veränderungen unterlegenen Arbeitsbereich ist es üblich, dass die Bearbeitung von mehreren

Vorgängen zur gleichen Zeit erfolgen muss, wobei erwartet wird, dass jeder Arbeitsvorgang mit gleicher Präzision und Sorgfalt erledigt wird. Das Arbeitsverhalten der französischen Mitarbeiter muss sich deutlich von dem in Deutschland üblichen unterscheiden, sonst wäre es Herrn Götz nicht als bemerkenswert und verwunderlich aufgefallen. Es muss also eine andere, zutreffendere Deutung geben.

■ Lösungsstrategie

Grundsätzlich sollte eine gute Sekretärin in der Lage sein, mehrere Dinge gleichzeitig zu erledigen. Sie kann nicht einen Telefonanrufer lange warten lassen, nur weil eine Person zu Besprechung im Raum ist; und wenn eine zweite Person den Raum betritt und sie weiß, dass diese nur einen Zettel von ihr holen will, dann wird sie, ohne das Telefonat zu unterbrechen und ihren Gesprächspartner aus dem Raum zu verweisen, dieser zweiten Person den Zettel überreichen. Was Herrn Götz offensichtlich fasziniert, ist, wie selbstverständlich, reibungslos und mit welcher Leichtigkeit diese Mehrfachtätigkeiten erledigt werden. Denn neben der Erledigung der sachlichen Aspekte wird die Sekretärin auch noch jeden begrüßen und, falls möglich, ein kurzes Gespräch führen.

Herr Götz wird bald erkennen, dass diese Leistung nicht auf die Sekretärin begrenzt ist, mit der er es zu tun hat, sondern dass seine französischen Kollegen und seine Vorgesetzten ähnlich schnell und flexibel auf plötzliche, sich aus der aktuellen Situation heraus ergebende Anforderungen, Inanspruchnahmen durch Gesprächspartner und Unterbrechungen eines laufenden Geschäftsbetriebs reagieren können. Diese Polychronie beim Umgang mit Zeit und bei der Erledigung von Aufgaben wird in Frankreich von Kindheit an gelehrt und gelernt. Sie ist so selbstverständlich, dass es einem Franzosen unverständlich erscheint, wie ein Deutscher in ähnlichen Situationen erst den einen Vorgang abarbeitet, bevor er sich dem anderen zuwendet, Gesprächspartner warten und Telefonanrufer abblitzen lässt und sich möglicherweise lautstark darüber beschwert, dass er ständig in seiner Arbeit unterbrochen wird. Für Franzosen ist das keine Unterbrechung der Arbeit, sondern die

Arbeit selbst. Denn zum Arbeiten gehört nicht nur die sachliche Erledigung von Aufgaben, sondern auch der adäquate und für alle Seiten zufrieden stellende Umgang mit den daran beteiligten Personen. Die einzelnen Arbeitsvorgänge werden sich dadurch sicher in die Länge ziehen, manches wird nicht pünktlich erledigt sein, mancher wird dann auf das versprochene Ergebnis etwas länger warten müssen, viel Zeit wird aufgewandt werden, die Bedürfnisse der vielfältigen Ansprechpartner zu befriedigen, und zwar so, dass sich jeder angesprochen und anerkannt fühlt, aber alle sind mit dem Ergebnis glücklich.

Herr Götz kann, wenn er das Verhalten seiner Sekretärin beobachtet, viel darüber lernen, wie schnell Franzosen in der Lage sind, besonders wichtige Gesprächspartner von weniger wichtigen Gesprächspartnern zu unterscheiden, zu beurteilen, was Vorgänge sind, die längere Zeit in Anspruch nehmen oder mit einem Handgriff in kurzer Zeit zu erledigen sind, und wie man es schafft, mit diesen vielfältigen, ungeplanten Inanspruchnahmen so umzugehen, dass alle auf ihre Kosten kommen und ohne dass man sich selbst überfordert fühlt. Er sollte überprüfen, ob sein eigener Arbeitsstil schon so sehr von den in Deutschland verbreiteten monochronen Arbeitsgewohnheiten geprägt ist, dass es ihm schwer fällt, sich umzustellen, und er einen Widerwillen gegen polychrones Arbeitsverhalten entwickelt. In diesem Fall sollte er seinen Aufenthalt in Frankreich möglichst schnell beenden. Es könnte aber auch sein, dass die polychrone Art der Franzosen seinen persönlichen Vorlieben sehr entgegenkommt und er sich in Deutschland immer schon geärgert hat, dass die Einhaltung von Zeitplänen und das starre Abarbeiten von Arbeitsvorgängen nach einem vorher festgelegten, aber möglicherweise nicht sehr effizienten Arbeitsplan Vorrang hat vor dem, was in einem sich ergebenden konkreten Arbeitskontext sinnvoller- und sachgerechterweise zu tun wäre. In diesem Fall wird es ihm zweifelsohne leichter fallen, sich an die Gewohnheiten seiner französischen Kooperationspartner anzupassen und sich in deren Arbeitsrhythmus einzufügen. Widerstand zu leisten und zu versuchen, seine Mitarbeiter und Kollegen auf Zeit- und Arbeitsablaufpläne nach seinen Vorstellungen festlegen zu wollen, ist zweifelsohne ein vergebliches Unterfangen, würde ihn alle Sympathien kosten und ihn als nicht akzeptablen Kollegen in der Arbeitsgruppe und in der Abteilung isolieren.

Hintergrundinformationen zu »Polychrones Zeitverständnis«

Der Umgang mit Zeit in Frankreich ist durch ein polychrones Zeitverständnis charakterisierbar; Franzosen neigen dazu, viele Dinge gleichzeitig zu erledigen und bestehende Zeitpläne flexibel den aktuellen Gegebenheiten anzupassen.

Für Franzosen ist es üblich, vieles gleichzeitig zu tun, jederzeit ansprechbar zu sein und sich auch während einer Aufgabenerfüllung unterbrechen zu lassen. So lassen sich Franzosen ohne Weiteres bei einem Telefonat, bei einer Geschäftsbesprechung oder einer Konferenz unterbrechen oder es kann beispielsweise vorkommen, dass ein französischer Manager während eines Geschäftstermins mehrmals mit jemand anderem telefoniert. Deutsche hingegen, die ein eher monochrones Zeitverständnis haben (vgl. Hall, 1984), erledigen in der Regel nur einen Arbeitsschritt auf einmal und beginnen selten etwas Neues, bevor sie die vorhergehende Aufgabe abgeschlossen haben. In Frankreich werden die vielen simultan verfolgten Vorgänge weniger durch die spezifische Planung bestimmt, als vielmehr durch die aktuell auftretenden Anforderungen. Somit verändern sich durch diese komplexen Überlappungen und durch Kontexteinflüsse ständig die Prioritäten, an die immer wieder neu die zeitliche Organisation von Handlungen angepasst wird. Entsprechend kann ein einmal gefasster Zeitplan lediglich als grobe Orientierung dienen. Er wird eingehalten, sofern es die Umstände erlauben oder die Dringlichkeit und Wichtigkeit erfordern, aber er wird nicht als zwingend verbindlich angesehen. Von zentraler Bedeutung für das Verständnis ist in diesem Zusammenhang, dass eine derartige flexible simultane Handlungsorganisation in der französischen Kultur als Grundlage für effizientes Arbeiten erachtet wird. Allerdings beruht diese Flexibilität nicht auf Beliebigkeit, sondern die Person, für die etwas erledigt wird, stellt das wichtigste Entscheidungskriterium für die augenblickliche Prioritätensetzung dar: »Die Person, die jeweils am nächsten, am wichtigsten, am mächtigsten ist oder glaubhaft machen kann, es am dringlichsten zu haben, wird bevorzugt« (Demangeat u. Molz, 2003, S. 34). In der stark polychron geprägten französischen Kultur stehen die Person und die zwischenmenschlichen Beziehungen sowie die Pflege des Beziehungsnetzwerkes (vgl. Themenbereich 2: Personenorientierung) im Mittelpunkt, wohingegen dem genauen Einhalten von Zeitplänen und Terminen geringere Bedeutung beigemessen wird. Wenn beispielsweise ein französischer Mitarbeiter kurz vor einer Besprechung oder einem Termin einen Anruf von einem Kunden oder Geschäftspartner erhält, wird er sich für diesen Zeit nehmen, selbst wenn er deswegen zehn Minuten zu spät kommt. Wegen der häufigen, unvorhergesehenen Unterbrechungen ist es praktisch unmöglich, zeitliche Absprachen und Termine genau einzuhalten. Zusätzlich gehören insbesondere in Paris, bedingt durch die chaotischen Verkehrsverhältnisse, Verspätungen zum Alltag. Im Gegensatz dazu wird in der deutschen Kultur auf genaue Zeiteinteilung und Planung sowie Pünktlichkeit großen Wert gelegt. Pünktlichkeit spielt für Deutsche eine wichtige Rolle, da sie als Indikator für Zuverlässigkeit und Vertrauenswürdigkeit erachtet wird. So wird es auf deutscher Seite als effizient angesehen, wenn eine Besprechung, ein Arbeitstag oder ein Projekt exakt nach vorgefasstem Plan abläuft.

Des Weiteren sei in diesem Zusammenhang auf die unterschiedlichen Arbeitszeiten hingewiesen. In Frankreich wird man um 8:00 Uhr morgens in einem Unternehmen außer vielleicht einigen Sekretärinnen kaum jemanden antreffen. Der Arbeitstag beginnt in der Regel zwischen 9:00 und 9:30 Uhr. Zudem fällt das Mittagessen, auf dessen besonderen Stellenwert bereits in Themenbereich 2 eingegangen wurde, im Allgemeinen länger aus als in Deutschland. Dementsprechend wird länger in den Abend hineingearbeitet, bis 19:00–19:30 Uhr.

Generell ermöglicht den Franzosen dieser entspannte Umgang mit der Zeit beziehungsweise mit Terminen, ihre Zeitpläne immer wieder flexibel der aktuellen Sachlage und den auftretenden Anforderungen entsprechend anzupassen, auch wenn dies das Umstoßen bereits gefasster Pläne bedeutet.

Kulturelle Verankerung von »Polychrones Zeitverständnis«

Das eher entspannte Verhältnis zur Zeit in der französischen Kultur wird durch den französischen Schriftsteller François Rabelais (1494–1553) treffend beleuchtet: »Jamais je ne m'assujettis aux heures: les heures sont faites pour l'homme, et non l'homme pour les heures« (Übersetzung: »Niemals beugte ich mich der Zeit: die Zeit ist für den Menschen gemacht und nicht der Mensch für die Zeit.«) (zitiert nach Breuer, 2002, S. 388).

Ein Erklärungsansatz für die Herausbildung des eher polychron geprägten Zeitverständnisses in Frankreich ist auf den Einfluss des descartesschen Rationalismus zurückzuführen. Die »raison« gilt als prägend für das französische Raum-Zeit-Empfinden. Der französische Mathematiker und Philosoph Condorcet (1743–1794) konzipierte in seinem Werk eine auf der »raison« aufbauende Auffassung von Raum und Zeit. Der von ihm propagierte »progrès« (Fortschritt) stützt sich auf eine lineare Zeitabfolge. Historische Ereignisse laufen linear ab, denn aufgrund der algebraischen Zerteilung, Berechnung und Zuteilung von Zeit kennt Condorcet keine komplexe Verschränkung von Vergangenheit, Gegenwart und Zukunft. So spiegeln sich nach Ansicht von Fischer (1996) Condorcets Überlegungen hinsichtlich eines beliebig zerteilbaren, algebraischen Umgangs mit Zeit in der gesellschaftlichen Gegenwart Frankreichs wider: Die Teilbarkeit der Zeit wird auf die Arbeit übertragen und Tätigkeiten können jederzeit durch andere Arbeiten unterbrochen und später fortgesetzt werden.

Ein zweiter Aspekt, der zur Simultanität in der Handlungsorganisation beigetragen haben kann, ist im höfischen System zu sehen. Da am absolutistischen Königshof die Beziehungs- und Interessenkonstellationen ständig wechselten und die eigene soziale Existenz immer auf dem Spiel stand, führte kein Weg an einer gleichzeitigen Erledigung verschiedener Aufgaben und Vorgänge vorbei. Darin kann ein Einflussfaktor für den Umgang mit der Zeit in Frankreich gesehen werden. Wie beim Kulturstandard »Personenorientierung« erläutert, stand nicht die Erledigung bestimmter Aufgaben an sich im Vordergrund, sondern immer die Person, für die etwas getan wurde. Dies ist auch heute noch charakteristisch für das Verhalten von Franzosen im Arbeitsleben. So wenden Franzosen für den Aufbau und die Pflege persönlicher Beziehungen mittels Kommunikation viel Zeit auf, auch wenn sie dadurch riskieren, zu einem nachfolgenden Termin zu spät zu kommen. Dadurch, dass das Ansehen des Einzelnen in Frankreich von den persönlichen Beziehungen zu den Mächtigen abhängt, bleibt er abends länger, um ungestört vom Tagesgeschäft sein Beziehungsnetzwerk auszuweiten und mit Hilfe zusätzlicher Informationen sich geschickt im Unternehmen positionieren zu können. Dieses Beziehungsverhältnis wiederum wurzelt in der höfischen Gesellschaft (Pateau, 1998).

PLANNERER

Themenbereich 7: Nationalstolz

Beispiel 20: 11. November

Situation

Herr Arnold, der in der Pariser Filiale eines großen deutschen Automobilherstellers in der Revision tätig ist, benötigt für eine Aufgabenerledigung umgehend eine schriftliche Stellungnahme aller Geschäftsleitungsmitglieder. Deswegen verfasst er ein Rundschreiben an alle betroffenen Personen, wobei er für die Rückantwort als Deadline den 11. November festsetzt. Von einem Mitglied der Geschäftsleitung bekommt er folgende Antwort: »Il faut savoir que la 11 novembre c'est la journée de l'armistice.« (»Sie müssen wissen, dass der 11. November der Tag des Waffenstillstandes ist.«) Herr Arnold ist von dieser Antwort sehr überrascht.

Warum bekommt Herr Arnold auf sein Rundschreiben eine solche Antwort?

- Lesen Sie nun die Antwortalternativen nacheinander durch.
- Bestimmen Sie den Erklärungswert jeder Antwortalternative für die gegebene Situation und kreuzen Sie ihn auf der darunter befindlichen Skala an. Es ist möglich, dass mehrere Antwortalternativen den gleichen Erklärungswert besitzen.

Deutungen

a) Das Mitglied der Geschäftsleitung ist verärgert, dass Herr Arnold ihm einen Schlusstermin für seine Stellungnahme vorschreibt. Der französische Kollege bringt seinen Frust dadurch zum Ausdruck, dass er Herrn Arnold an einem Beispiel aus der deutsch-französischen Geschichte die Überlegenheit Frankreichs aufzeigt.

sehr zutreffend	eher zutreffend	eher nicht zutreffend	nicht zutreffend

b) Der französischen Kollege hat nicht verstanden, was »Deadline« bedeutet, und meint, er solle seine Stellungnahme genau an diesem Tag abliefern.

sehr zutreffend	eher zutreffend	eher nicht zutreffend	nicht zutreffend

c) Die Antwort soll ein Scherz sein wegen der Übereinstimmung des Begriffs »Deadline« mit dem Waffenstillstand von 1918.

sehr zutreffend	eher zutreffend	eher nicht zutreffend	nicht zutreffend

d) Mit der Antwort will der französische Kollege Herrn Arnold darauf hinweisen, dass der Termin für die Deadline auf einen Feiertag fällt, der zudem noch ein Ereignis aus der deutsch-französischen Geschichte berührt.

sehr zutreffend	eher zutreffend	eher nicht zutreffend	nicht zutreffend

– Versuchen Sie, Ihre Einstufung jeder Antwortalternative zu begründen. Halten Sie die Begründung in schriftlicher Form stichpunktartig fest.
– Lesen Sie nun die Erläuterungen zu jeder Antwortalternative durch und vergleichen Sie diese mit Ihren eigenen Begründungen.

■ Bedeutungen

Erläuterung zu a):
Es ist durchaus möglich, dass französische Mitglieder der Geschäftsleitung der Pariser Filiale selbst eines deutschen Unternehmens empfindlich reagieren, wenn ihnen ein Deutscher Vorschriften macht, bis wann sie eine Stellungnahme abzuliefern haben. Gut vorstellbar ist in diesem Fall, dass er sich auf subtile Weise zur Wehr setzt. Die recht direkte Antwort passt nicht zu dieser Strategie, sondern ist eher ein Zeichen von Vertrauen.

Erläuterung zu b):
Der Begriff »Deadline« für den Termin, zu dem ein bestimmter Vorgang abgeschlossen sein soll, ist inzwischen international so weit verbreitet, dass es recht ungewöhnlich wäre, wenn Mitglieder der Geschäftsleitung in der Pariser Filiale des deutschen Automobilherstellers nicht wissen, was »Deadline« bedeutet. Dazu passt auch nicht die Antwort, die das Mitglied der Geschäftsleitung Herrn Arnold geschickt hat.

Erläuterung zu c):
Allenfalls ein außenstehender Beobachter – zum Beispiel ein Italiener, Brite oder Amerikaner – könnte die Bemerkung des französischen Geschäftspartners von Herrn Arnold als Scherz interpretieren, der ja in der etwas makaberen Koinzidenz des von einem Deutschen festgelegten Deadline-Termins mit der deutschen Waffenstillstandunterzeichnung am 11. November 1918 in Frankreich besteht. Für einen Franzosen ist diese Bemerkung sicher nicht als Scherz gemeint, sondern als eine Art Zurechtweisung in Bezug auf die Taktlosigkeit, die sich Herr Arnold mangels historischer Kenntnisse hier geleistet hat.

Erläuterung zu d):
Es ist zweifelsohne ein Fehler, die Deadline auf einen Feiertag und dann noch einen nationalen Gedenktag anzusetzen. Das würde in jedem Land zu Irritationen führen, da in jedem guten Kalender die Feiertage des Landes verzeichnet sind, damit die Menschen diese in ihre Arbeit einplanen können. Es ist völlig

richtig, dass Herr Arnold von seinen französischen Kollegen daran erinnert wird.

Lösungsstrategie

Franzosen sind stolz auf ihre Geschichte, ihre geschichtlichen Leistungen und das, was die französische Nation für Europa und die Welt bedeutet. In jeder Nation werden wichtige Ereignisse, ob erfreuliche oder betrübliche, durch Gedenktage geehrt. Gedenktage sind symbolischer Ausdruck des kollektiven Bewusstseins und es wird erwartet, dass jeder Staatsbürger daran Anteil nimmt. Auch von Ausländern, die in Frankreich leben, wird erwartet, dass sie solche Feier- und Gedenktage ehren und achten. Für international tätige Fach- und Führungskräfte ist es inzwischen üblich, dass sie über Kalender verfügen, in denen die Feier- und Gedenktage der Länder verzeichnet sind, mit denen sie hauptsächlich zu tun haben, damit sie eine Erinnerungshilfe zur Verfügung haben.

Herr Arnold hat, als er die Deadline auf den 11. November festgelegt hat, diese Selbstverständlichkeiten übersehen und wird deshalb von seinem französischen Kollegen dezent, aber deutlich darauf aufmerksam gemacht. Die Erwähnung des Tages des Waffenstillstands zwischen den deutschen und französischen Truppen am Ende des Ersten Weltkriegs ist selbstverständlich ein Hinweis darauf, dass, gerade wenn Deutsche und Franzosen zusammenarbeiten, auch im Arbeitsleben Rücksichtnahmen auf solche Gedenktage selbstverständlich sein sollten. Herr Arnold tut gut daran, sich bei allen, denen er den 11. November als Deadline für die schriftliche Stellungnahme zugeschickt hat, in angemessener Weise zu entschuldigen. Da Franzosen dazu neigen, Kritik eher zu vermeiden und, wenn sie unvermeidbar ist, nur indirekt zu äußern, ist die Deutlichkeit, mit der die Kritik in diesem Fall vorgetragen wurde, schon sehr bemerkenswert. Dies sollte Herr Arnold bei der Formulierung einer angemessenen Entschuldigung mit berücksichtigen. Er kann davon ausgehen, dass seine französischen Kollegen die Entschuldigung akzeptieren werden und keiner von ihnen mehr auf das Thema zu sprechen kommen wird. Auch er sollte kein Wort mehr dazu verlieren, wohl aber achtsam sein, dass ihm zukünftig kein ähnlicher Fehler mehr unterläuft.

Hintergrundinformationen zu »Nationalstolz«

Die Mehrzahl aller Franzosen hat ein ausgeprägtes Nationalbewusstsein sowie ein ungetrübtes Verhältnis zur Geschichte ihres Landes und ist stolz, französischer Staatsbürger zu sein. Zudem kommt der französischen Sprache in der französischen Kultur ein hoher Stellenwert zu.

Ausgeprägtes historisches Bewusstsein und starke nationale Identität

Geschichtsbewusstsein ist in Frankreich stark ausgeprägt. So spiegelt sich die enge Verbundenheit mit ihrer nationalen Geschichte beispielsweise in der spektakulären städtebaulichen Achse wider, die Paris vom Louvre zum Triumphbogen der Zweihundertjahrfeier in dem modernen Büroviertel La Défense durchzieht und eine riesige Synthese der königlichen, kaiserlichen und republikanischen Geschichte repräsentiert. Franzosen sind stolz auf die Geschichte ihres Landes und die vollbrachten Leistungen im Laufe der Zeit, insbesondere auf die kulturellen Beiträge zur Weltgeschichte. Dieses Nationalbewusstsein und dieser Nationalstolz, sowie ein – im Gegensatz zu Deutschland – weitgehend ungebrochenes Verhältnis zur nationalen Vergangenheit äußern sich zum Beispiel in dem hohen Stellenwert nationaler Selbstinszenierungen wie des französischen Nationalfeiertages am 14. Juli sowie den Feiern aus Anlass der Siege in den beiden Weltkriegen am 11. November und am 8. Mai jedes Jahres. Ein weiteres Beispiel für diese ausgeprägte nationale Identität zeigt sich in den Abschlussworten eines französischen Staatspräsidenten bei einer Silvesteransprache, in der er allen Staatsbürgern wünscht, dass sie auch im kommenden Jahr glücklich sein mögen, Franzosen zu sein (vgl. Herterich, 1984). Franzosen haben keinerlei Identitätsprobleme mit Tradition und nationalen Symbolen wie der Trikolore (die blauweißrote Nationalfahne) oder der Marseillaise (Nationalhymne). Die wichtigste nationale Symbolfigur des modernen Frankreichs ist die Marianne-Figur, die für aufgeklärte und revolutionäre Werte und Prinzipien wie vor allem Freiheit, Brüderlichkeit und Gerechtigkeit steht.

Hoher Stellenwert der französischen Sprache

Die französische Sprache ist ein fundamentaler Bestandteil der französischen Kultur und dient neben der Kommunikation als wichtiges Instrument der Selbstdarstellung des Individuums. Wie in Themenbereich 1 ausführlich erläutert, bedienen sich Franzosen eines indirekten Kommunikationsstils, wobei Botschaften eher auf implizitem Wege übermittelt und Sachverhalte geistreich und anspielungsreich umschrieben werden. Die Kunst des »parler sans rien dire« (Reden ohne etwas zu sagen) gehört zu den Fertigkeiten, die sich Franzosen im Laufe ihres Lebens aneignen. Denn wie Anatole France (Hildenbrand, 1997) einmal treffend dazu bemerkt hat: »Ist der Weg mit Blumen geschmückt, fragt man nicht, wohin er führt« (S. 30). Franzosen sind der Ansicht, dass sie allein mit brillanter Rhetorik bereits einen wichtigen Teil ihres Zieles erreichen können. Dabei kommen dem Wort beziehungsweise der Idee zentralere Bedeutung zu als der Tat und die Form des Gesagten ist oft wichtiger als dessen Inhalt.

Generell spielen Formen beim Umgang mit Franzosen eine wichtige Rolle. Dies zeigt sich beispielsweise in den Grußformeln bei Geschäftsbriefen. Wo im Deutschen »Mit freundlichen Grüßen« steht, schreibt man im Französischen »Nous vous prions d'agréer, Messieurs, l'expression de nos sentiments les plus distingués« (Übersetzung: »Wir bitten Sie, sehr geehrte Herren, den Ausdruck unserer hochachtungsvollsten Empfindungen anzunehmen.«). Diese Höflichkeit, der besonders in der geschriebenen Sprache große Bedeutung beigemessen wird, erscheint vielen Deutschen oftmals gekünstelt und wie aus einem anderen Zeitalter. Ebenso empfinden Deutsche Wendungen wie »Ich bin untröstlich«, »Ich stehe Ihnen völlig zur Verfügung« oder »Ich danke Ihnen tausendmal«, die ihre französischen Kollegen ständig gebrauchen, häufig übertrieben. Die französische Sprache wird aber nicht nur genutzt, um Höflichkeit auszudrücken, sondern sie ist auch Beweis des Bildungsniveaus. So dient dem Franzosen seine Sprache als Verständigungsmittel, aber ebenso bringt er durch sie zum Ausdruck, »was« und »wer« er ist. Sprachliche Gewandtheit wird in Frankreich hoch geschätzt und Bewunderung gebührt demjenigen, der es in der Kunst des sprachlichen Ausdrucks zur Meisterschaft gebracht hat. Während in Deutschland – abgesehen vom literarischen Sektor – die Sprache vorwiegend als Instrument der Wissensvermittlung fungiert, ist sie in Frankreich ein Teil der kulturellen Identität.

Kulturelle Verankerung von »Nationalstolz«

Das Konzept der »nation« in Frankreich entstand während der Französischen Revolution von 1789. Rousseau (1712–1778) suchte – orientiert am descartesschen Rationalismus – auf deduktivem Wege nach einer theoretischen Lösung für die Probleme des freiheitlichen und sozial geordneten Zusammenlebens der Menschen und fand diese in seinem »contrat social« (Gesellschaftsvertrag) von 1762. Dabei ist die Summe der Einzelwillen der Bürger (»volonté de tous«) unterhalb der Ebene des Gemeinwillens (»volonté générale«) angesiedelt, der als abstrakter Begriff für den Konsens zwischen allen Partikularinteressen einer Gemeinschaft steht. Jeder Einzelne muss einen Teil seiner Freiheit abgeben, um einen gesellschaftlichen Konsens zu erreichen, der wiederum ein freies, bürgerliches Leben innerhalb der Gemeinschaft ermöglicht. Um den Gemeinwillen in das Bewusstsein aller Mitglieder zu integrieren, bedarf es eines gemeinschaftlichen Rahmens, den die nach außen abgesteckte »nation« darstellt. Zudem müssen alte Strukturen, insbesondere die traditionellen Regionalkulturen, beseitigt werden. Auf diese Weise entwickelt sich eine neue gemeinsame kulturelle Identität innerhalb der »nation«, unabhängig von regionalen Eigentümlichkeiten.

Auch wenn sich die angestrebte Gleichheit aller Individuen innerhalb der »nation« nicht vollständig realisieren lässt, sind die Franzosen stolz auf die Integrationsfähigkeit des Konzeptes der »nation« (Fischer, 1996). Es ist nicht durch eine bestimmte Rasse oder Sprache geprägt, sondern bringt den Willen zum Ausdruck, innerhalb dieses Gebietes gemäß dem Gemeinwillen der Bürger zusammenzuleben. Aufgrund der identitätsstiftenden Bedeutung des Begriffs der »nation« identifiziert sich ein französischer Bürger mit deren Werten und Normen. Im Gegensatz dazu verbinden Deutsche Identität mit ihrer Herkunft, das heißt, sie machen ihre Identität nicht an allgemein verbindlichen geistigen Werten fest, sondern orientieren sich an ihrer Heimat. Während in Frankreich das Geschichtsbewusstsein »ganz natürlich« an den nationalen Rahmen gebunden ist, da es auf der Vorstellung beruht, dass das Nationale selbstverständlich ist, bereitet der Begriff der Nation in Deutschland große Probleme (François, 1997).

Des Weiteren erfolgte die Herausbildung und Bewahrung einer starken nationalen Identität in Frankreich durch nationale Institutionen, die nationale Identifikationssymbole und Mythen vermittelten. So wurde während der III. Republik (1870–1940) die nationale Symbolfigur der Marianne endgültig zum offiziellen Emblem des republikanischen Frankreichs erhoben, die Marseillaise als Nationalhymne wieder eingeführt, 1880 der 14. Juli zum Nationalfeiertag erklärt und die 1792 entstandene Devise »Liberté, Egalité, Fraternité« an offiziellen Gebäuden als Kernaussage des nationalen Selbstverständnisses angebracht.

Zudem wird der Vermittlung der nationalen Geschichte und der französischen Sprache – zwei zentrale Grundlagen der nationalen Identität Frankreichs – im französischen Bildungssystem eine im Vergleich zu Deutschland viel größere Bedeutung beigemessen. So bildet beispielsweise die Vermittlung eines nationalen Literaturkanons, der von allen Franzosen gelesen werden sollte und wichtige Etappen der »civilisation française« (französischen Kultur) verkörpert, im französischen Schulwesen weiterhin ein zentrales Bildungsziel. Aufgrund der nationalen französischen Sprachpolitik sind im Laufe der Zeit Regionalsprachen und Dialekte weitgehend zurückgedrängt worden und spielen im heutigen Frankreich eine weit geringere Rolle als beispielsweise in Deutschland. Dahingegen stellt seit der Französischen Revolution die möglichst perfekte und akzentfreie Beherrschung der Nationalsprache nicht nur eine zwingende Voraussetzung für den sozialen und beruflichen Aufstieg dar, sondern sie wird bis in die Gegenwart als eine wichtige Stütze der Einheit von Staat und Nation erachtet, die es zu bewahren und schützen gilt. Dies zeigt sich zum Beispiel in der Verschärfung der französischen Sprachgesetzgebung 1994 durch den damaligen Kulturminister Jacques Toubon, die unter anderem die obligatorische Verwendung des Französischen in der Werbung, in Verträgen und Stellenanzeigen betraf.

Als weiterer Einflussfaktor für den besonderen Stellenwert der französischen Sprache ist der descartessche Rationalismus zu nennen. Gemäß dieser philosophischen Richtung wird der »Form« einer spezifischen Sache mehr Bedeutung beigemessen als dem »Inhalt«. Dies zeigt sich unter anderem in der typisch französischen Facette der »l'art-pour-l'art«-Kultur, die sich dadurch auszeichnet, dass bezüglich der Interaktionen und Äußerungen von Personen die »Verpackung« oftmals wichtiger ist als das »Verpackte«. Die Folge ist wiederum die starke Ausprägung einer verbalen und impliziten Formulierungskunst. Franzosen haben die Kunst perfektioniert, handfeste Aussagen unverbindlich, aber gleichzeitig in einer ansprechenden Form auszudrücken. In der Sprache präsentiert sich der Franzose zudem als denkendes Individuum, das sich die Welt geistig zu Eigen macht. Er kommuniziert damit nicht nur inhaltliche Botschaften, sondern drückt auch aus, was und wer er ist. Des Weiteren wurde die französische Sprache durch den so genannten »esprit«, die geistreiche, originelle und kreative Argumentations- und Gesprächskultur der »salons«, geprägt. In den »salons« gebührte demjenigen die allgemeine Hochachtung der Gesprächsrunde, der eine neue, originelle Idee hervorbrachte und diese elegant und in ausgefeilter Form präsentierte. Daher wurde die Rhetorik in den »salons« besonders gepflegt. Zwar verlor der »salons« nach der Aufklärung an Bedeutung, aber die von ihm ausgehenden, grundlegenden Normen des geistreichen Gesprächs beeinflussen bis heute die Normen von Gespräch und Präsentation in Frankreich (Fischer, 1996).

Kurze Charakterisierung der französischen Kulturstandards

Indirekter Kommunikationsstil

- implizite Kommunikation
- indirektes Äußern von Kritik und informelle Informationswege

Personenorientierung

- »Complicité« als Basis für Zusammenarbeit und Geschäftsbeziehungen
- Vorrang von Person und Beziehung vor Aufgabenerledigung

Autoritätsorientierung

- externale Autorität
- Machtkonzentration in der Hierarchiespitze

Dynamischer Entscheidungsprozess

- prozesshafter Charakter bei Entscheidungen, Vereinbarungen und Plänen
- Dissensorientierung bei Meetings und Besprechungen

Flexibilität

- Flexibilität bei der Umsetzung von Entscheidungen
- Système D (se débrouiller, »sich zu helfen wissen«)

■ Polychrones Zeitverständnis

- Simultanität bei der Aufgabenerledigung
- flexibler Umgang mit Zeit

■ Nationalstolz

- ausgeprägtes historisches Bewusstsein und starke nationale Identität
- hoher Stellenwert der französischen Sprache

Die geschichtliche Entwicklung Frankreichs

Die geschichtliche Entwicklung Frankreichs in einem kurzen Abriss darzustellen, ist ein schwieriges Unterfangen, da die französische Geschichte im Gegensatz zu anderen Ländergeschichten nicht zu einer bestimmten Epoche einsetzt, sondern von der Frühzeit bis ins Heute reicht und zudem in weiten Strecken die Geschichte Europas und der Welt mitgeschrieben hat. Aus diesem Grund werden in diesem knappen Exkurs nur einige wesentliche und prägende Entwicklungen in der Geschichte Frankreichs erörtert, welche als Basis für die kulturhistorische Verankerung der französischen Kulturstandards dienen. Ein besonderer inhaltlicher Schwerpunkt wird dabei auf die Herausbildung des zentralistisch organisierten, französischen Nationalstaates gelegt. Insofern nicht ausdrücklich auf eine Literaturquelle verwiesen wird, folgt der Überblick über die geschichtliche Entwicklung Frankreichs in den ersten beiden Abschnitten den Ausführungen von Werner (1989) und des Weiteren denen von Große und Lüger (2000).

Frankreich zählt zu einer der ältesten europäischen Nationen, wobei sich seine Geschichte bei allen Verwerfungen durch eine besondere Kontinuität und Einheitlichkeit auszeichnet (Haupt u. Hinrichs, 2002). Im Mittelpunkt dieser Entwicklung steht die Geschichte der französischen Monarchie, auf die im Zuge dieser Darstellung noch detailliert eingegangen wird.

Keltische und gallo-römische Periode

Der kulturhistorische Rückblick setzt bereits in der vorchristlichen Zeit an bei »nos ancêtres les Gaulois«, den gallischen Vorfahren. Von Beginn des 4. Jahrhunderts v. Chr. bis zu Beginn des 1. Jahrhunderts v. Chr. verbreiteten sich langsam, aber unaufhaltsam die Kelten dank ihrer fortschrittlichen Militärtechnik auf dem ganzen Territorium des heutigen Frankreich, wobei sie vor allem den Osten und Norden bevölkerten. Von den Römern wurden sie Gallier und das von ihnen bewohnte Gebiet Gallien genannt. Ab dem 2. Jahrhundert v. Chr. begann die römische Besetzung des Territoriums, die sich in mehreren Etappen vollzog. Cäsar gelang es allerdings erst im Jahre 52 v. Chr., nach der Schlacht von Alesia gegen die gallischen Stämme unter der Führung von Vercingetorix, diese zu bezwingen und ganz Gallien zu unterwerfen. Die gallo-römische Periode erstreckte sich über einen Zeitraum von circa 500 Jahren. Die Römer teilten Gallien in Provinzen auf und errichteten Städte, die durch ein gut durchdachtes Straßennetz miteinander verbunden wurden. Sie übernahmen die Verteidigung der äußeren Grenzen und gewährleisteten auf lange Zeit eine relativ friedliche Entwicklung des Landes. Die gut ausgebauten Straßenverbindungen ermöglichten nicht nur ein schnelles Eingreifen der römischen Truppen in Krisensituationen, sondern beflügelten auch enorm den Handel in friedlichen Zeiten. Durch die Romanisierung wurde das Land vom 3. Jahrhundert n. Chr. an auch zunehmend christlich geprägt. Mitte des 3. Jahrhunderts begannen »barbarische« Völkerschaften, meist Germanen, in das römische Gallien einzudringen. Diese anhaltenden Angriffe von außen und interne Aufstände führten zu einem Zerfall der römischen Vorherrschaft und es entstanden auf dem Gebiet des heutigen Frankreich mehrere selbstständige Königreiche.

Die merowingische, karolingische Dynastie

Chlodwig, einem König der salischen Franken aus dem Geschlecht der Merowinger (um 481–511), gelang es, sich gegen seine Widersacher durchzusetzen und die Nachfolge der zerfallenden römischen Herrschaft anzutreten. Die Franken – von denen Frankreich seinen Namen erhielt – beherrschten ein riesiges Gebiet vom Rhein bis zu den Pyrenäen. Von entscheidender Bedeutung war hierbei auch die Tatsache, dass Chlodwig zum römisch-katholischen Glauben übertrat und somit die einheimische christliche Bevölkerung für sich gewann. Frankreich wird aufgrund der frühen Christianisierung immer wieder als »die älteste Tochter der Kirche« bezeichnet. Da sich jedoch Chlodwigs Erben als schwache Herrscher erwiesen, übernahmen die Hausmeier, die zunächst nur mit der Verwaltung des Hofes betraut waren, die eigentliche Führung im Lande. Unter ihnen auch Karl Martell, der 732 die ins Fränkische Reich einfallenden Araber abwehrte. Sein Enkel, Karl der Große (frz. Charlemagne), führte die karolingische Dynastie weiter, vereinte das Frankenreich wieder und brachte zudem fast das gesamte westliche Kontinentaleuropa unter fränkische Herrschaft. Bei seiner Krönung zum Kaiser durch den Papst im Jahre 800 verpflichtete er sich im Gegenzug, das Land zu christianisieren. Aufgrund von Familienstreitigkeiten wurde das Reich Karl des Großen von seinen Enkeln in drei Königreiche aufgeteilt. Karl II. (der Kahle, 843–877) erhielt Gallien, also den westfränkischen Teil des Großreiches. Dieses Territorium, das künftig »la France« genannt wurde, entsprach annähernd dem heutigen Frankreich. Der Vertrag von Verdun 843, in dem die Teilung des fränkischen Reiches festgelegt wurde, stellt ein einschneidendes Ereignis in der französischen Geschichte dar, da hierdurch wichtige Grundlagen für die spätere Konstituierung der französischen Nation gelegt wurden. Allerdings verloren die Nachfolger von Karl II. mehr und mehr ihrer Macht an den aufstrebenden Adel und es entstanden zahlreiche mehr oder weniger selbstständige Fürstentümer (Prinzipate). Aufgrund der geschwächten Machtposition und fehlender finanzieller Mittel konnten die karolingischen Könige ein weiteres Vordringen der im 9. Jahrhundert aus dem Norden einfallenden Normannen nur durch das Überlassen der im Norden von Paris gelegenen Provinz, die von da an Normandie genannt wurde, verhindern. Im weiteren Verlauf übernahmen immer mehr die Fürsten die Verteidigung des Landes gegen feindliche Eindringlinge.

Die kapetingische Dynastie

Nach Jahren faktischer Machtlosigkeit der Karolingerkönige wurde im Jahre 987 Hugo Capet, Graf von Paris, von den Großen des Reiches zum König gewählt. Dies besiegelte das endgültige Ende der Karolinger Dynastie und läutete den Beginn der Kapetinger Dynastie ein. Der königliche Landbesitz (Besitzungen in der Ile-de-France mit Paris und Orléans) war nicht sehr groß, entwickelte sich aber gewissermaßen zur Keimzelle des späteren Frankreich. Zwar konsolidierten seine Nachfolger den Besitzstand und sicherten über mehrere Generationen die Königskrone für die Kapetinger, aber erst im 12. Jahrhundert unter Ludwig VI. (dem Dicken, 1108–1137) verstärkte sich der königliche Einfluss in Frankreich. Trotzdem blieb die Situation weiterhin paradox, da die Herzogtümer des Reiches, vor allem die Normandie, weitaus mächtiger waren als die Krondomäne. Nach dem Sieg der Normannen (unter der Führung von Wilhelm dem Eroberer) 1066 gegen England eroberten sie weitere Grafschaften in Frankreich und erhoben durch Einheirat ins französische Königshaus sogar Anspruch auf den französischen Thron. Diese Machtkonstellation prägte rund drei Jahrhunderte die Entwicklung des französischen Königreiches und gipfelte im Hundertjährigen Krieg (1339–1453).

Ein herausragendes Ereignis dieser Epoche war die entscheidende gebietsmäßige Vergrößerung der königlichen französischen Domäne durch Philipp II. Augustus (1180–1223), der bei der Schlacht von Bouvines 1214 über die vereinten Truppen von England, Deutschland und Flandern triumphierte. Dieser Sieg, der »als wichtige Etappe für die Entstehung eines nationalen Zusammengehörigkeitsgefühls« (Große u. Lüger, 2000, S. 6) betrachtet wird, hatte eine Vervierfachung des unmittelbaren Herrschaftsgebietes zur Folge und verstärkte zudem die vorherrschende Stellung der königlichen Zentralgewalt. Eine weitere Ausdehnung bis ans Mittelmeer erfährt das kapetingische Reich durch den Albigenserkreuzzug (1209–1229), in dem die Bewegung der Albigenser (Katharer) in Südfrankreich, eine eigenständige, in voller Blüte stehende Kultur, mit äußerster Brutalität zerschlagen wurde. Auf diese Weise etablierte sich das nordfranzösische Königtum im sprachlich und kulturell verschiedenen Süden Frankreichs und vollzog einen bedeutenden Schritt zur Bildung der gesamtfranzösischen Nation. Zudem wurde die königliche Verwaltung weiter ausgebaut und das Reich entwickelte sich zum »geistigen Zentrum der Christenheit« (Loth, 1996, S. 11). Die Entwicklung des französischen Königtums wurde jedoch, wie bereits angedeutet, wiederholt vor allem durch den Konflikt mit England (Hundertjähriger Krieg) bedroht. In dieser langen Periode politischer Unsicherheit verhalf ein junges französisches Mädchen namens Jeanne d'Arc (1412–1431, Frankreichs größte Nationalheldin) durch ihr Engagement dem französischen Königshaus zum Sieg und die Engländer verloren bis 1453 alle festländischen Besitzungen bis auf das Gebiet um Calais. Da es zudem Ludwig XI. (1461–1483) gelang, die aufbegehrenden Territorialfürsten wieder unter die Autorität des Königs zu zwingen und mehrere größere Gebiete (unter anderem die Provence und das Herzogtum Burgund) hinzuzuerwerben, ging die französische Monarchie letztendlich gestärkt aus dieser schwierigen Zeit hervor.

Absolute Monarchie

Im 16. Jahrhundert trieben die Renaissance-Könige den Ausbau der Königsmacht weiter voran, mit Unterstützung des wirtschaftlich aufsteigenden Bürgertums, das im Königtum einen Verbündeten gegen die Macht der Feudalherren sah. Der Adel verlor immer mehr seine Vormachtstellung in der Politik und unter Franz I. (1515–1547) fiel das letzte selbstständige Herzogtum Bretagne an Frankreich. Er baute für die Verwaltung und die Einbeziehung von Steuern einen zentralen Beamtenapparat auf und erhob 1539 mit dem Edikt von Villers-Cotterêts anstelle des Lateinischen nunmehr das Französische (eigentlich: den Dialekt des ursprünglichen kapetingischen Stammgebietes Ile-de-France) zur offiziellen Urkundensprache im gesamten Herrschaftsbereich. Mehrere erbitterte Glaubenskriege, vor allem gegen die protestantischen Hugenotten, sowie Aufstände des Adels gefährdeten in der zweiten Hälfte des 16. und zu Beginn des 17. Jahrhunderts noch einmal die Herrschaft des Königtums. Jedoch wurde die

Vormachtstellung des monarchischen Systems aufgrund der vermittelnden Politik Heinrichs IV. (1589–1610) und des energischen Vorgehens von Kardinal Richelieu, der – von König Ludwig XIII. (1610–1643) zum Premierminister ernannt – den Widerstand der Protestanten brach und die Revolten der Aristokratie niederschlug, wieder gefestigt. Die Durchsetzung der zentralistischen Bestrebungen war allerdings teilweise nur unter Anwendung brutalster Methoden (z. B. Einrichtung von Sondergerichten, Liquidierung der führenden Adelsopposition) zu erreichen. Als besonders effektiv für die Stärkung der Zentralgewalt erwies sich auch der Einsatz von so genannten Intendanten. Als direkt vom König ernannte, mit Sondervollmachten ausgestattete Beamte, die aber jederzeit absetzbar blieben, sollten sie anstelle der entmachteten Territorialfürsten die Kontroll- und Verwaltungsangelegenheiten im Sinne des Königs ausführen. Zudem gründete Richelieu 1635 die Académie Française, ein kleiner Kreis von 40 Gelehrten, die seitdem über die Reinheit der französischen Sprache wacht. Die Maxime nationaler Einheit und der Unteilbarkeit königlicher Autorität fand ihren Höhepunkt in der absoluten Monarchie Ludwigs XIV. (1643–1715). Er forcierte mit Unterstützung seines Finanzministers Colbert den Ausbau der nahezu allmächtigen Zentralverwaltung, entmachtete endgültig die Adeligen und ersetzte sie durch nunmehr auf Dauer in den Provinzen installierte Intendanten, die vorwiegend bürgerlicher Herkunft waren. Als wohl bekanntestes Sinnbild für die beispiellose Macht des »Sonnenkönigs« gilt sein prachtvolles Schloss in Versailles. Ganz Frankreich drehte sich damals um den königlichen Hofstaat in Versailles. Mit unnachgiebiger Härte wurde jede Art von Partikularismus, wozu auch religiöses Dissidententum zählte, beseitigt. So hob Ludwig XIV. zum Beispiel 1685 das Toleranz-Edikt von Nantes (von Heinrich IV. erlassen) wieder auf und zwang so bis zu 300 000 protestantische Hugenotten zur Flucht aus Frankreich ins Exil. Das Ziel Ludwig XIV. war es, ein totales Herrschaftsmonopol für den König als Inkarnation des Staates zu errichten.

Das Zeitalter der Französischen Revolution und von Napoleon

Ein weiterer bedeutender Einschnitt erfolgte mit der Französischen Revolution von 1789, wobei diese jedoch nicht, wie zu vermuten wäre, zur Auflösung, sondern eher noch zu einer Verstärkung des Verwaltungszentralismus führte. Zwar wurden 1790 die an die Monarchie erinnernden Provinzen durch 83 etwa gleich große Verwaltungseinheiten, so genannte Départements (eine Gliederung, die heute noch Bestand hat; allerdings hat sich die Zahl auf 96 erhöht), ersetzt und von direkt vom Volk gewählten Amtsträgern verwaltet. Da sich aber in verschiedenen Départements gefährliche Oppositionen gegen die Pariser Revolutionsregierung verbündeten, wurde 1793 wieder eine Rücknahme der gewährten Autonomie erzwungen und für den Zentralstaat eingetreten. Auch die sprachliche Vereinheitlichung wurde während der Französischen Revolution ab 1794 im Rahmen der Schreckensherrschaft unter Robespierre nachhaltig vorangetrieben, da ethnische Sprachen sowie Dialekte als Relikt der Feudalzeit galten und im Widerspruch zum einheitlichen französischen Staat standen. Die spätere Einführung der allgemeinen Schulpflicht (1881/1882) stellte in diesem Prozess ebenfalls eine wichtige Etappe dar, da allein das Französische als Unterrichtssprache gestattet wurde.

Teilweise blieben die während der Revolution geschaffenen Strukturen, wie die einheitliche Aufteilung in Départements, auch nach dem Staatsstreich von Napoleon Bonaparte (1799–1814) im November 1799 bestehen. Allerdings setzte dieser bereits zu Beginn seiner Regierungszeit anstelle der gewählten Vertreter der Gebietskörperschaften staatlich ernannte Funktionäre ein. Während auf Département-Ebene Präfekten als Vollzugs- und Kontrollorgan der Zentralgewalt fungierten, repräsentierten in den Arrondissements und Gemeinden die so genannten »sous-préfets« und »maires« – beide ebenfalls ernannt – den Staat. Besonders zu erwähnen ist an dieser Stelle, dass das von Napoleon noch einmal gestraffte zentralistische Verwaltungssystem in seinen Grundzügen praktisch bis zum Ende der III. Republik (1870–1940) erhalten blieb und nach dem Zweiten Weltkrieg die institutionelle Grundlage für die dann beginnenden zaghaften Dezentralisierungsbestrebungen bildete.

Ergänzend sei an dieser Stelle noch kurz auf die wirtschaftliche Situation des Landes im 19. Jahrhundert hingewiesen. Ökonomisch gesehen war Frankreich in dieser Epoche überwiegend noch ein Agrarland. Da auch die Wirtschaft unter der Kuratel der zentralistischen Politik stand, erfolgte die Industrialisierung in Frankreich im Vergleich zu anderen europäischen Ländern nur sehr langsam und zog sich über mehr als ein Jahrhundert hin, bis in die Zeit nach dem Zweiten Weltkrieg.

Von der IV. Republik bis zum heutigen Frankreich

Nach der Libération (Befreiung Frankreichs von der nationalsozialistischen, deutschen Besatzung) und in den 1950er Jahren dominierten der wirtschaftliche Wiederaufbau und die industrielle Umorientierung sowie die Entkolonisierung (Kriege in Indochina und Algerien) die französische Politik. Zwar erzielten die Regierungen der IV. Republik (1946–1958) Erfolge auf dem ökonomischen Sektor und in der Europapolitik, scheiterten aber an der Lösung der Kolonialfrage. Eine wichtige Ursache hierfür lag in den permanenten Regierungskrisen, die wiederum mit dem Institutionensystem der IV. Republik zusammenhingen. Dem Parlament wurden per Verfassung die entscheidenden Befugnisse übertragen, während der Regierung nur eine vergleichsweise schwache Position eingeräumt wurde. Da zudem die Zersplitterung der Parteien die Bildung regierungsfähiger Mehrheiten erschwerte, kam es immer wieder zu instabilen Regierungskoalitionen und häufigen Regierungswechseln. Diese Konstellation (Fehlen von Regierungskontinuität und handlungsfähiger Exekutive) führte schließlich während des Algerienkrieges (1954–1962) zum Sturz der IV. Republik und 1958 zur Machtübernahme durch de Gaulle. Die neue Verfassung der V. Republik (1958 bis heute) sah eine deutliche Stärkung der Exekutive vor, wobei dem Staatspräsidenten eine zentrale Rolle mit sehr weit reichenden Machtbefugnissen zukam. So erhielt er zum Beispiel die Möglichkeit, sich mit Referenden direkt an die Bevölkerung zu wenden. Zugleich wurden die Befugnisse des Parlaments durch einige Einschränkungen begrenzt. Diese Machtkonzentration auf den Präsidenten, der absolute Führungsanspruch de Gaulles, aber auch die Kultivierung bestimmter Rituale sowie die teilweise an monarchische Zeiten erinnernde Art der Selbstdarstellung brachten eine zunehmende Personalisierung der Politik mit sich. Dies trifft ebenso auf die Nachfolger de Gaulles, einschließlich des Sozialisten Mitterand, zu. An dieser Stelle sei kurz darauf hingewiesen, dass die Führungseliten des Landes traditionell aus renommierten Elite-Hochschulen (»Grandes Ecoles«) rekrutiert werden. Aus diesem Grund stammen die Spitzenkräfte in fast allen gesellschaftlichen Bereichen Frankreichs (Verwaltung, Politik, Armee, Wirtschaft und Handel, Technik) zum größten Teil aus diesen Grandes Ecoles.

Allgemein zeichnet sich der Zentralismus in Frankreich in erster Linie dadurch aus, dass alle wichtigen Entscheidungswege in den Pariser Zentralbehörden zusammenlaufen, während die Entscheidungsbefugnisse der lokalen Instanzen minimal sind. Diese Struktur gründet in der tief verwurzelten Vorstellung von einem einheitlichen und unteilbaren Staat, dessen zentrale Verwaltung zum einen das Gemeinwohl verkörpert und zum anderen die Aufrechterhaltung der nationalen Einheit sichert.

Allerdings soll in diesem Zusammenhang nicht unerwähnt bleiben, dass sich in Frankreich auch gegenläufige Tendenzen zum zentralistischen System einstellten und sich die Verwaltungsstruktur seit einigen Jahren zu wandeln beginnt. So wurde beispielsweise mit der Verfassungsänderung im Jahre 2003 die 1982 begonnene Dezentralisierung weiter vorangetrieben, indem die Regionen gestärkt und die Flexibilität bei der Übertragung von Kompetenzen auf die Gebietskörperschaften festgeschrieben wurden. Nichtsdestotrotz repräsentieren das Präsidialregime mit der starken Exekutive sowie die zentralistische Organisiertheit zwei wesentliche Charakteristika des französischen Staates, die das heutige Frankreich entscheidend mitgeprägt haben.

Dank

Die Autoren danken Herrn Christian Stöber und Herrn Christoph Vatter sowie Frau Sylvaine Jaud, Frau Isabelle Demangeat, Frau Gaelle Piernikarch, Frau Katherine Heid, Frau Line Perrin und Frau Gesa Krämer für die Bereitschaft, an der kulturspezifischen Analyse des Trainingsmaterials mitzuwirken, und Diplom-Psychologin Frau Jette Katrin Pahlke für die Mitarbeit an der Erstellung dieses Bandes.

Literatur

Alshut, E. T., Nespethal, J., Thomas, A. (2007). Beruflich in Vietnam. Trainingsprogramm für Manager, Fach- und Führungskräfte. Göttingen: Vandenhoeck & Ruprecht.

Ammon, G. (1994). Der französische Wirtschaftsstil. München: Eberhard Verlag.

Barmeyer, C. I. (2000a). Mentalitätsunterschiede und Marktchancen im Frankreichgeschäft. Zur interkulturellen Kommunikation im Handwerk (mit Schwerpunkt Saarland/Lothringen). Sankt Ingbert: Röhrig Verlag.

Barmeyer, C. I. (2000b). Vérité en deçà des Pyrénées, erreur au-delà. Zu den divergierenden Führungsverhalten in Frankreich und Deutschland. Dokumente: Zeitschrift für den deutsch-französischen Dialog, 56, 240–245.

Breuer, N. (2002). Geschäftserfolg in Frankreich. Fakten, Marktstrategien, Interkulturelles zu Deutschlands Handelspartner Nr. 1. Bonn: Galileo Press.

Crozier, M. (1963). Le phénomène bureaucratique. Paris: Le Seuil.

Davoine, E. (2002). Zeitmanagement deutscher und französischer Führungskräfte. Wiesbaden: Deutscher Universitäts-Verlag.

Demangeat, I., Molz, M. (2003). Frankreich. In A. Thomas, S. Kammhuber, S. Schroll-Machl (Hrsg.), Handbuch Interkulturelle Kommunikation und Kooperation. Band 2: Länder, Kulturen und interkulturelle Berufstätigkeit (S. 24–59). Göttingen: Vandenhoeck & Ruprecht.

Demorgon, J. (1996). Complexité des cultures et de l'interculturel. Paris: Anthropos.

Elias, N. (1969). Die höfische Gesellschaft. Neuwied: Luchterhand.

Elias, N. (1976). Über den Prozess der Zivilisation. Frankfurt a. M.: Suhrkamp.

Erlinghagen, K. (1996). Nationale Umkultur und typisch geprägte Managementsubkultur Frankreichs. Ein qualitativer Deutungsversuch in Komparation zur deutschen Kultur. Universität St. Gallen: Unveröffentlichte Dissertation.

Fischer, M. (1996). Interkulturelle Herausforderungen im Frankreichgeschäft. Kulturanalyse und Interkulturelles Management. Wiesbaden: Deutscher Universitäts-Verlag.

François, E. (1997). Einstellung zur Geschichte. In R. Picht (Hrsg.), Fremde Freunde. Deutsche und Franzosen vor dem 21. Jahrhundert (S. 15–21). München: Piper.

Große, E. U., Lüger, H.-H. (2000). Frankreich verstehen. Eine Einführung mit

Vergleichen zu Deutschland (5. akt. und erw. Aufl.). Darmstadt: Wissenschaftliche Buchgesellschaft.
Hall, E. T., Hall, M. R. (1984). Verborgene Signale. Studien zur internationalen Kommunikation; über den Umgang mit Franzosen. Hamburg: Gruner + Jahr.
Hampden-Turner, C., Trompenaars, A. (1993). The seven cultures of capitalism. New York: Currency and Doubleday.
Herterich, K. W. (1984). Praxis des Frankreich-Geschäfts. Wiesbaden: Gabler Verlag.
Kammhuber, S. (2000). Interkulturelles Lernen und Lehren. Wiesbaden: DUV.
Loth, W. (1996). Frankreich-Ploetz. Französische Geschichte zum Nachschlagen (3. akt. Aufl.). Freiburg i. Breisgau: Ploetz.
Mitterer, K., Mimler, R., Thomas, A. (2006). Beruflich in Indien. Trainingsprogramm für Manager, Fach- und Führungskräfte. Göttingen: Vandenhoeck & Ruprecht.
o. N. (2000). Implicité. In Le nouveau Petit Robert (S. 1273). Paris: Dictionnaires Le Robert.
Pateau, J. (1997). Management. In R. Picht (Hrsg.), Fremde Freunde. Deutsche und Franzosen vor dem 21. Jahrhundert (S. 271–279). München: Piper.
Pateau, J. (1998). Arbeitswerte und Managementstile in deutschen und französischen Unternehmen. Ein interkulturell vergleichender Ansatz. In R. Köcher, J. Schild (Hrsg.), Wertewandel in Deutschland und Frankreich. Nationale Unterschiede und europäische Gemeinsamkeiten (S. 151–170). Opladen: Leske + Budrich.
Pateau, J. (1999). Die seltsame Alchimie in der Zusammenarbeit von Deutschen und Franzosen: Aus der Praxis des interkulturellen Managements. Frankfurt a. M.: Campus.
Petzold, I., Ringel, N., Thomas, A. (2005). Beruflich in Japan. Trainingsprogramm für Manager, Fach- und Führungskräfte. Göttingen: Vandenhoeck & Ruprecht.
Picht, R. (1997). Bildungswesen. In R. Picht (Hrsg.), Fremde Freunde. Deutsche und Franzosen vor dem 21. Jahrhundert (S. 92–97). München: Piper.
Ricken, U. (1961). »Gelehrter« und »Wissenschaftler« im Französischen. Beiträge zu ihrer Beziehungsgeschichte vom 12.–17. Jahrhundert. Berlin: Akademie-Verlag.
Schroll-Machl, S. (2002). Die Deutschen – wir Deutsche. Fremdwahrnehmung und Selbstsicht im Berufsleben. Göttingen: Vandenhoeck & Ruprecht.
Thomas, A., Schenk, E. (2000). Beruflich in China. Trainingsprogramm für Manager, Fach- und Führungskräfte. Göttingen: Vandenhoeck & Ruprecht.
Thomas, A., Kinast, E., Schroll-Machl, S. (2005). Kultur und Kulturstandards. In Thomas, A., Kinast, E.-U., Schroll-Machl, S. (2005) (Hrsg.), Handbuch Interkulturelle Kommunikation und Kooperation (2. Aufl.). Bd. 1. Grundlagen und Praxisfelder. Göttingen: Vandenhoeck & Ruprecht.

Thomas, A., Kammhuber, S., Schroll-Machl, S. (2007) (Hrsg.), Handbuch Interkulturelle Kommunikation und Kooperation (2. Aufl.). Bd. 2. Länder, Kulturen und interkulturelle Berufstätigkeit. Göttingen: Vandenhoeck & Ruprecht.
Tocqueville, A. de (1969). Der alte Staat und die Revolution (Übers.: J. P. v. Mayer). Reinbek: Rowohlt (Original erschienen 1856: L'Ancien Régime et la Revolution).
Werner, K. F. (1989). Die Ursprünge Frankreichs bis zum Jahr 1000. Stuttgart: Deutsche Verlags-Anstalt.

Literaturempfehlungen

Bergemann, N. J., Sourisseaux, L. J. (2003) (Hrsg.). Interkulturelles Management. (3. vollst. überarb. u. erw. Aufl.) Berlin u. a.: Springer-Verlag.
Das in der 3. Auflage erschienene Werk gibt einen gut lesbaren und aktuellen Überblick zu zentralen Themen des interkulturellen Managements wie beispielsweise über Werte, Führungsverhalten, Kommunikation, Motivation, Partizipation, Personalauswahl und -ausbildung, interkulturelle Kompetenzen, Team, Merger and Acquisition, Projektmanagement, Organisationsentwicklung, Reintegration und Managementstil.

Breuer, J. P., Bartha, P. de (2005). Deutsch-französische Geschäftsbeziehungen erfolgreich managen. Spielregeln für die Zusammenarbeit auf Führungs- und Fachebene (2. Aufl.). Köln: Deutscher Wirtschaftsdienst.
Jochen Peter Breuer und Pierre de Bartha sind geschäftsführende Gesellschafter einer Unternehmensberatung und haben dort über zwanzig Jahre Beratungs- und Mediationserfahrung mit deutschen und französischen Managern und Ingenieuren gesammelt. Das Werk enthält eine sehr realitätsnahe Darstellung der Herausforderungen in der Zusammenarbeit mit Franzosen und vermittelt nachvollziehbare Erklärungen und Analysen sowie Strategien und Lösungen zum erfolgreichen deutsch-französischen Kooperationsmanagement, basierend auf den Grundlagen interkultureller Kommunikation, Sozialverhaltens und Motivation.

Doutriaux, C. Karambolage. ARTE.
Für den Fernsehsender ARTE hat Claire Doutriaux die Dokumentationsreihe »Karambolage« entwickelt, wobei in einzelnen Beiträgen die feinen Unterschiede diesseits und jenseits des Rheins aufeinanderprallen. Karambolage ist eine Fundgrube deutscher und französischer Eigenarten. Gegenstände und Bräuche werden dabei ebenso unter die Lupe und aufs Korn genommen wie sprachliche Besonderheiten, die die Nachbarn auf der jeweils anderen Seite des Rheins zum Nachdenken und zum Lachen bringen. Auf Grundlage der Sendung, welche jeweils sonntagabends auf dem Fernsehsender ARTE ausgestrahlt wird, sind das gleichnamige Buch sowie die DVDs entstanden.

Durand, B. (2007). Die Legende vom typisch Deutschen. Eine Kultur im Spiegel der Franzosen. Leipzig: Militzke.
Die Autorin vergleicht mit oft hintergründigem Humor die unterschiedlichen Ansichten in beiden Ländern und bezieht zu aktuellen politischen Fragen provokativ Stellung, zum Beispiel zu Diskussionen um Familie

und Bildung oder zum verschiedenartigen Umgang mit Natur und Umwelt in beiden Ländern. Dieses Buch will mit den herkömmlichen Stereotypen und Vorurteilen über die Deutschen aufräumen und die Aspekte des deutschen Alltags, die in Frankreich weitgehend unbekannt sind, näher beleuchten. Beatrice Durand versucht mit ihrem Buch Verhaltensweisen und Haltungen der deutschen Gesellschaft zu entschlüsseln, indem sie ihre Ausführungen mit zahlreichen konkreten Beispielen belegt. Dieses Buch ist für alle ein Lesevergnügen, die schon immer mal einen französischen Blick auf Deutschland werfen wollten.

Elias, N. (1969). Die höfische Gesellschaft. Neuwied: Luchterhand.
Norbert Elias, der als einer der großen deutschen Soziologen gilt, schafft es, auf eine verständliche und spannende Art und Weise dem Leser seine Gesellschaftstheorien zu vermitteln. Der Fürstenhof des Ancien Régime war ein ganz eigenes soziales Gebilde: Am »Hofe« waren oft viele Tausende von Menschen zur Bedienung, Beratung und Gesellschaft des Königs versammelt, von dessen Willen ihr Schicksal ebenso abhing wie ihr Rang, ihr Unterhalt oder ihr Auf- und Abstieg. Eigentümliche Zwänge, eine mehr oder weniger feste Rangordnung und eine genaue Etikette verband sie untereinander. In seiner klassischen Studie untersucht Elias Fragen, wie der Aufbau des sozialen Feldes aussah, in dessen Zentrum sich die Figuration »höfische Gesellschaft« herausbilden konnte. Auf deren Hintergrund eröffnet er ein erweitertes Verständnis unter anderem der heutigen französischen Gesellschaft.

Hall, E. T., Hall, M. R. (1984). Verborgene Signale. Studien zur internationalen Kommunikation. Über den Umgang mit Franzosen. Hamburg: Gruner + Jahr.
Die Arbeiten des amerikanischen Anthropologen Edward T. Hall stellen für eine Analyse kultureller Unterschiede zwischen Deutschland und Frankreich nach wie vor eine der wichtigsten Referenzen dar. Er war einer der Ersten, der auf der Basis dialektisch strukturierter und übergeordneter Kriterien kulturvergleichende Forschung betrieb. In seinem eher anthropologisch orientierten Ansatz geht er von Raum, Zeit und Kommunikation als grundlegenden Dimensionen menschlichen Zusammenlebens aus, mit denen sich Menschen in allen Kulturen auseinander setzen müssen und hinsichtlich derer jede Kultur spezifische Handlungsstandards entwickeln muss. In diesem Werk vergleicht er die unterschiedlichen Ausprägungen der beiden Länder auf diesen Dimensionen.

Goscinny, R., Uderzo, A. Asterix-Bände. Stuttgart: Ehapa.
Die Geschichte der erfolgreichsten französischen Comicserie handelt – wie weithin bekannt – von einem kleinen gallischen Dorf und seinen Einwohnern (v. a. den Hauptprotagonisten Asterix und Obelix), denen der Zaubertrank ihres Druiden übermenschliche Kräfte verleiht, und mit dessen Hilfe sie die römische Armee auf Distanz halten. In den Geschichten ist das Dorf daher der einzige Ort in Gallien, der im Jahre 50 v. Chr. nicht von den Römern unter Julius Caesar erobert und besetzt werden konnte. Die diversen Geschichten spielen entweder in der unmittelbaren Umgebung des Gallierdorfes oder auf Reisen, oft in andere Länder. Eine wesent-

liche Rolle spielen Anachronismen bei den Zusammentreffen von Asterix und Obelix mit Vertretern anderer Völker, deren heutige spezifische Eigenarten und jeweilige Kulturen aus französischer Sicht. Interessant sind in diesem Zusammenhang vor allem die Bände, die in Frankreich oder französischen Regionen spielen.

Große, E. U., Lüger, H.-H. (2008). Frankreich verstehen. Eine Einführung mit Vergleichen zu Deutschland (6. vollst. überarb. Aufl.). Darmstadt: Primus Verlag.
Dieses Werk hat sich als praktische Landeskunde und fundiertes Nachschlagewerk etabliert. Die vollständig überarbeitete Neuauflage gibt einen aktuellen Überblick über die vielen Besonderheiten Frankreichs, die erst durch den Vergleich mit Deutschland klar zu Tage treten. Vor allem Regierungssystem, Wirtschafts- und Sozialstrukturen, Bildungswesen und Medienlandschaft unterscheiden sich in zentralen Punkten. Den deutsch-französischen Beziehungen kommt in der Europäischen Gemeinschaft besondere Bedeutung zu. Die Autoren behandeln alle diese Themen aus dem Leben unseres westlichen Nachbarn kompetent und übersichtlich. Zahlreiche Abbildungen, Tabellen und Statistiken illustrieren die Darstellung. Literaturhinweise und Webadressen erleichtern die Vertiefung von Detailfragen. Personen- und Sachregister erschließen den Text.

Landis, D., Bennett, J. M., Bennett, M. J. (2004) (Eds.). Handbook of Intercultural Training (3rd ed.). Thousand Oaks, California: Sage, Inc.
Das international bekannte Handbuch ist inzwischen in der 3. Ausgabe erschienen. Die beiden vorhergehenden Ausgaben unter der Autorenschaft von D. Landis und R. W. Brislin (1983) beziehungsweise D. Landis und R. S. Bhagat (2. Ausgabe 1996) behandelten zum Teil andere Themen als die dritte Ausgabe, so dass alle drei Werke als Informationsquelle wichtig sind. Wie der Titel besagt, finden sich in allen drei Publikationen wissenschaftliche Studien und Überblicksartikel rund um das Thema interkultureller Trainings mit seinen theoretischen Grundlagen und methodischen Konzepten sowie um den stark expandierenden Teilbereich der trainings-, ausbildungs- und lernorientierten wissenschaftlichen Forschung. So enthält die 3. Ausgabe Abhandlungen zu Themen wie: Methoden, Konzepte, Evaluationen zur interkulturellen Trainingsforschung, zu Langzeitwirkungen, Medien, Reintegration, Diversity, Management und Gruppentraining. Dieses Handbuch ist für den an interkulturellen Trainings, seinen wissenschaftlichen Grundlagen und anwendungsrelevanten Bezügen interessierten Leser die international wichtigste Informationsquelle.

Pateau, J. (1999). Die seltsame Alchimie in der Zusammenarbeit von Deutschen und Franzosen. Aus der Praxis des interkulturellen Managements. Frankfurt a. M.: Campus.
Anhand zahlreicher Interviews hat Jacques Pateau Verwandtschaften und Differenzen in Arbeitsorganisation, Verhaltens- und Kommunikationsgewohnheiten analysiert und auf ihre Ursprünge hin befragt. Zudem ist er detailliert der Frage nachgegangen, welchen historischen Entwicklungen sich die politischen Systeme, die kulturellen Grundlagen und die Bil-

dungssysteme beider Länder verdanken. Das Buch ermöglicht es, französische wie deutsche Verhaltens- und Arbeitsweisen besser zu verstehen und für eine erfolgreiche Kooperation fruchtbar zu machen.

Thomas, A. (2003) (Hrsg.). Psychologie interkulturellen Handelns (2. Aufl.). Göttingen: Vandenhoeck & Ruprecht.
Dieses Werk thematisiert, wie der Titel aufweist, die psychologischen Aspekte interkultureller Kommunikation und Begegnung. International anerkannte Wissenschaftler und Fachleute behandeln Themen wie Eigenes und Fremdes, Kulturstandards, Wertvorstellungen, Universalien, Eignungsdiagnostik, Trainings, Reintegration, sozial kompetente Arbeitsgruppe, Lernen und Akkulturation.

Thomas, A. (2003) (Hrsg.). Kulturvergleichende Psychologie (2. Aufl.) Göttingen: Hogrefe.
Die kulturvergleichende Psychologie als eine Teildisziplin der Psychologie wird in ihren wichtigsten Aspekten wie Methodologie, Persönlichkeit, Entwicklungspsychologie, Wahrnehmungspsychologie, Kognition, Emotion, Moral, Motivation, Kommunikation, Lernen, aber auch in Bezug auf Organisationspsychologie, Migration und Globalisierung von ausgewiesenen Forschern auf diesen Gebieten dargestellt. Dieses Werk eignet sich zum vertieften Studium in die kulturvergleichend angelegten Forschungen zu psychologischen Grundlagen und Wirkungen interkulturellen Handelns.

Thomas, A. (2005). Grundlagen der interkulturellen Psychologie. Nordhausen: Bautz.
In diesem schmalen Band wird eine fundierte Einführung in die wichtigsten Teilgebiete der interkulturellen Psychologie gegeben und die Wirksamkeit psychischer Faktoren unter interkulturellen Handlungsbedingungen an Beispielen aus der Praxis erläutert. Die Lektüre eignet sich gut zu einer ersten Einarbeitung in die Grundlagen des interkulturellen Trainings.

Thomas, A., Kinast, E.-U., Schroll-Machl, S. (2005) (Hrsg.). Handbuch Interkulturelle Kommunikation und Kooperation (2. Aufl.). Bd. 1. Grundlagen und Praxisfelder. Göttingen: Vandenhoeck & Ruprecht.
Der Band enthält in Einzelartikeln den aktuellen Stand des international verfügbaren Wissens zu den wichtigsten Aspekten der Thematik. Grundlegende theoretische und methodische Konzepte werden vorgestellt und im Zusammenhang mit praxisbezogenen Problemstellungen abgehandelt. Wer einen Überblick und vertiefenden Einblick in die interkulturelle Thematik und Forschung sucht, findet hier alles, was er wissen sollte. Die umfangreichen Literaturhinweise ermöglichen den Zugang zu weiteren Spezialaspekten.

Thomas, A., Kammhuber, S., Schroll-Machl, S. (2007) (Hrsg.). Handbuch Interkulturelle Kommunikation und Kooperation (2. Aufl.). Bd. 2. Länder, Kulturen und interkulturelle Berufstätigkeit. Göttingen: Vandenhoeck & Ruprecht.
Im ersten Teil findet der Leser ausführliche Darstellungen und Analysen zu den Ergebnissen der Kulturstandardforschung bezogen auf verschie-

dene Länder in Europa, Amerika, Asien und Afrika. Dies ermöglicht einen Einblick in die für deutsche Fach- und Führungskräfte zur Kooperation mit Vertretern aus diesen Ländern wichtigen Kulturstandards und deren Handlungswirksamkeit. Falls schon entsprechende Trainingsprogramme zur Vorbereitung vorliegen, wird darauf eingegangen. Im zweiten Teil werden interkulturelle Tätigkeitsfelder vorgestellt, so weit sie sich bislang als beruflich relevant herausgestellt haben. Hier findet der Leser Informationen über die interkulturellen Problemstellungen, Lösungsansätze und zukünftige Entwicklungen in der praktischen Arbeit, aber auch in Bezug auf Forschung in diesen Bereichen. Wer wissen will, wie und wo interkulturelle Kommunikation und Kooperation in unserer Gesellschaft bedeutsam wird, kann sich hier einen umfassenden und aktuellen Überblick verschaffen.